C·H·Beck
PAPERBACK

W0196010

Sieben Jahre nach seinem ersten Lexikon, *Ich bin da ganz bei Ihnen!*, hat Hermann Ehmann in einer breit angelegten Rechercheaktion kilometerweise E-Mails gecheckt, Keynotes nach Worthülsen durchforstet und in ungezählten Events quer durch alle Branchen tapfer mitnotiert. Denn buzzwordmäßig hat sich in den letzten Jahren viel getan. In seiner neuen Sammlung fühlt er den absurden Phrasen des heutigen Bürolebens auf den Zahn – den Hinhalteparolen («Das Kompetenzteam kümmert sich») und den Manipulationsphrasen («Ran an die Leistungsreserven!»), dem Chef-Deutsch und dem Blender-Bullshit. Hier finden Sie alles, die sprachlichen Must-Haves und die Nice-to-Haves, um durch den täglichen Irrsinn navigieren zu können.

Hermann Ehmann ist promovierter Sprachwissenschaftler. Sein Spezialgebiet und Steckenpferd ist der Sprachwandel. Bei C.H.Beck sind von ihm erschienen: die vier Bände seines Lexikons der Jugendsprache (*affengeil*, 1992; *oberaffengeil*, 1996; *voll konkret*, 2001; *endgeil*, 2005) sowie *Ich bin da ganz bei Ihnen! Das Wörterbuch der unverzichtbaren Bürofloskeln* (³2017).

Hermann Ehmann

Läuft!

Neue unverzichtbare
Bürofloskeln

C.H.Beck

Mit 12 Illustrationen von Dirk Meissner

Originalausgabe
© Verlag C.H.Beck oHG, München 2021
www.chbeck.de
Umschlagabbildung und Illustrationen: © Dirk Meissner
Umschlaggestaltung: Konstanze Berner, München
Satz: C.H.Beck.Media.Solutions, Nördlingen
Druck und Bindung: Druckerei C.H.Beck, Nördlingen
Printed in Germany
ISBN 978 3 406 76687 9

myclimate

klimaneutral produziert
www.chbeck.de/nachhaltig

Inhalt

Vorwort oder: *griffiger One-Pager*

Seit meinem Bürofloskel-Wörterbuch *Ich bin da ganz bei Ihnen!* (2014) hat sich buzzwordmäßig viel getan. Vieles, was vor zehn Jahren «nur» in Büros üblich war, hat es inzwischen in den Allgemeinjargon geschafft. Und der Business-Slang selber hat sich seither rasant weiterentwickelt.

Grundlage dieses Lexikons bildet eine umfangreich angelegte Rechercheaktion. Das Buch ist in drei thematische Kapitel aufgeteilt, wobei die Grenzen naturgemäß fließend sind: Am Anfang stehen die Blenderfloskeln und -phrasen der neuen Bürowelt, gefolgt von den Wörtern, die Sie ganz problemlos auch im gechillten Gespräch unter Freunden verwenden können. Am Schluss stehen die Phrasen, mit denen Sie jede noch so lahme Keynote flott kriegen. Sollten Sie die eine oder andere Floskel vermissen, lohnt sich sicher ein Blick in den Vorgängerband *Ich bin da ganz bei Ihnen!*

Tauchen Sie also ein in die Busy-bossy-Sondersprachen-Anderswelt. Halten Sie sich (und Ihren Kolleg/innen) den Spiegel vor, und entscheiden Sie von Fall zu Fall, wie sehr Sie sich inspirieren oder infizieren lassen wollen und wo Sie Ihre individuelle Schwurbelgrenze ziehen. Ich hoffe, dass Sie in diesem kreativen Wörterbuch jede Menge amüsanter Anstöße für Ihr ganz spezielles *Wording* finden werden (und gewiss auch manches abschreckende Beispiel). Viel Spaß beim Schmökern, Querlesen und Weiterspinnen! Und denken Sie stets dran: *Zu* viele Plattitüden verderben den Redebrei ...

München, im Februar 2021   *Hermann Ehmann*

Einleitung: Worthülsen – alles wertlose Wörter?

Können Sie am Ende des Tages nach dem x-ten All-Hands-Event und diversen Extrameilen noch ganz unaufgeregt eine freshe Keynote fürs Kickoff halten? Haben Ihre Kolleginnen/Mitarbeiter auch prodynamische Visionen für einen agilen Knowhow-Transfer in der modernen VUCA-Welt? Dann sollten wir uns zeitnah austauschen, vollumfänglich committen, einen crossdivisionalen Transformationsprozess auf Green-Deal-Basis andenken … und nachhaltig aufs Gleis setzen.

Verbale Seifenblasen, sinnlose Plattitüden, wertlose Wörter – wie schnell mutiert im alltäglichen Modern Business manche Luftnummer zur Lachnummer und so mancher Vorstandsvorsitzende zum Phrasenkasper! Doch warum tun wir uns eigentlich dieses abgedrehte Floskelkarussell mit tonnenweise heißer Luft an, dass uns die Ohren nur so klingeln? Warum jenen verschwurbelten Schaumschläger-Sonderjargon, den es offensichtlich erstmal zu erwerben gilt, ehe sich *auf der Überholspur mit High-Level-View durchstarten* und *careermäßig was reißen* lässt? Oder lassen wir ihn uns einfach überstülpen und übernehmen das *Sprachtuning* peu à peu, mehr oder weniger unbewusst?

Klar, man(n) muss im Business halt irgendwie miteinander reden, auch wenn man (sich) vielleicht nicht wirklich was zu sagen hat. Rührt sie daher, jene Flucht in kunstvoll gegossene Formeln und Phrasen, in zur Sprache gebrachte Sprach- und Hilflosigkeit? Wer als *ambitionierter Opinion-Leader* all seine Hausaufgaben gemacht, ehrgeizige sportliche Herausforderungen angenommen und einen dezidierten *Maßnahmenkatalog vorgelegt hat,* verfügt zwar sicher über gute Karten, *sein Nullwachstums-Vorjahresergebnis zu toppen und zukünftig im grünen Bereich aufzuschlagen.* Doch hat er auch verbal eine *Top-Perfomance hingelegt*?

Viele der auf den ersten Blick banal scheinenden Plattitüden sind allerdings gar nicht so wertfrei oder wertlos, wie es vielleicht scheint, sondern semantisch sogar äußerst «werthaltig». Nicht selten werden sie gezielt als – schon von den großen Rednern der Antike gepflegte – rhetorische Verschleierungstaktik eingesetzt, um Vorhaben oder Sachverhalte zu beschönigen. Beispiele gefällig? *Verschlanken, freistellen, gesundschrumpfen* – sie alle bedeuten nichts anderes als «kündigen» und sind Euphemismen mit Tarneffekt. Oder: Wer als *visionärer Begeisterungsträger etwas bewegen* will, wird keinen Stein auf dem anderen lassen – also: Schluss mit lustig! Hinter einem *Change-* bzw. *Transformationsprozess* verbirgt sich eine Gehirnwäsche im Sinne der Corporate Identity, eine *Personalstandsbereinigung* oder *Headcountreduktion* ist in Wahrheit eine Massenentlassung, das *Outplacement* ein schöneres Wort für «Kündigung» und das *Offboarding-Management* eine Fragebogenaktion mit (Über-)Lebensberatung für Gefeuerte.

Natürlich geht es ganz oft auch darum, einzulullen, weichzuspülen und vordergründig bauchzupinseln, um die anderen so besser antreiben und unter Druck setzen zu können. Beispiele: der *Upgrader*, eine denglische Wertschätzungsfloskel (?) für *Key-Performer*; die *Sprinterprämie*, eine Abfindung für die, die freiwillig gehen; *Leistungsreserven abrufen* – sich quälen bis zum Umfallen; oder *battlen*, was auch nicht mehr bedeutet als «sich einsetzen».

Und bitte, wer möchte nicht gern *up-to-date* erscheinen?

Hippe Beispiele: *Agree, committen, Compliance, Drive, Kick-off, Mega-Performance, No-Brainer, Triple-win* oder *wrap up* (= zusammenfassen).

Sicher, Klappern gehört zum Handwerk. Doch wo verläuft die Grenze zur Lächerlichkeit? Beim *Keynote-Speaker*, jenem Anglizismus mit allerhöchstem Wichtigkeitsfaktor, der doch nur die Eröffnungsrednerin bei einer *High-Potential-Veranstaltung* meint? Oder erst beim *hochkomplexen Abstimmungsprozess*, einer Aufplusterungsplattitüde, die bedeutet: «Da wird sich die nächsten Monate mit Sicherheit nix tun ...»? HILFE!

Viele Menschen quälen sich im Modern Business mit Formulierungen wie *suboptimaler Output, Over-Performer, rework* oder *low level*, weil das jeder so macht – gleichzeitig spüren sie, wie sich etwas in ihnen sträubt. Die sprachliche Fassade unserer *Up-or-out-Businesswelt* lässt fraglos manchmal tief blicken.

Deshalb: Mischen wir ruhig zum Spaß mit, optimieren wir *Wording* und *Kommunikationsperformance* – doch werfen wir nicht gedankenlos mit Hülsen um uns! Gehen wir nicht denen auf den Leim, die über Sprache gezielt manipulieren und sie als Machtinstrument missbrauchen wollen! Raffen wir uns wenigstens gelegentlich auf zum Plattitüdenprotest angesichts des hyperinflationären, aber wertlosen Wörterwulsts! Und registrieren wir, wenn wir selber in einen unwürdigen Busy-bossy-Slang abzugleiten drohen. Andernfalls machen wir uns zu Handlangern derer, die das Ziel haben, uns weichzuspülen und zu verblöden – um uns anschließend besser eintüten zu können.

Immerhin: Wo Business-Kommunikation irgendwo zwischen *mittelprächtig* und *steigerungsfähig* angesiedelt ist, bleibt zumindest noch jede Menge *Luft nach oben*. Die dürfen – und sollten – wir nutzen ...

I. Optimierung der Kommunikationsperformance! Blenderfloskeln von A bis Z

«Ich highlightete, du highlightetest, er/sie/es highlightete ...
sie highlighteten ... gehighlighted, highlightend ...
ich werde highlighten, du wirst highlighten ...
Alle Textsegmente können mit Mausklick gehighlighted
werden.»

www.duden.de

Sie highligtheten, highlightend, gehighlighted! – Du highlige Sch ...! Wie drollig. Soll man als leidenschaftlicher *User* des deutschen Sprachschatzes darüber weinen oder lachen? Wenn sich sogar die heilige DUDEN-Redaktion diesbezüglich *straight committed* – kann man dann getrost über seinen eigenen Schatten springen? Oder eben gerade nicht?

Klar, das sind Extrembeispiele eines Hardcore-Aufschneidergeschwurbels. So redet normalerweise niemand. Oder doch?

Nun, manches lässt sich tatsächlich so aufschnappen, wenn man die Ohren spitzt, Firmen-Websites und Managerreden durchforstet oder Belegschaftsschreiben auswertet. Der folgende Auszug aus der Mail eines bayerischen Mittelständlers (Automobilzulieferer) kann als exemplarisch – und gleichzeitig austauschbar – gelten:

«Parallel zu unseren bereits eingeleiteten Strukturoptimierungen sind wir bemüht, Innovationen zu generieren. Da-

Bullshit-Slam – «der beste Humbug aller Zeiten!»

«Imponieren statt informieren!» So lautete die Devise beim Comedy-Wettbewerb «Bullshit-Slam», der von 2014 bis 2017 durch Deutschland tourte und von den Verlagen Piper und Rowohlt gesponsert war. Intention: Satire pur. Dem Blender-Bullshit-Business-Bingo den Spiegel vorhalten. Karikieren, was das Zeug hält. Fassade war alles, Kongruenz nichts. Nichts war zu banal, nichts zu peinlich. Botschaft: «Hirn selber anschalten!»

Gewinner des ersten Bullshit-Slams wurde 2014 der ZEIT-Wissen-Redakteur Max Rauner mit «Neutrino Healing – Die Heilkraft der Elementarteilchen». Bei den Vorträgen imitierten die Teilnehmer ironisch «das inhaltlose Geschwurbel von Managern und Werbern» (O-Ton des Veranstalters). Hier ein Slam-Zitat: *«Was war das wichtigste Learning für mich als Senior Practice Mindset Capability Manager in Bezug auf transformational Change, was ich mitnehmen darf? Ganz einfach: auf jeder Stage immer wieder eine solide Status-quo-Analyse aus der Helikopterperspektive vornehmen!»*

bei werden wir strikt customer-relationship-zentriert vorgehen, um Kunden agil aufzubohren … Angesichts sich rapide verändernder Marktbedingungen setzen wir weiterhin auf eine schlanke, bewegliche Organisation sowie die Verstetigung bisheriger Headcount-Reduktionsmaßnahmen. Dabei werden wir auch unsere eigene Effizienz in der Führungslinie kritisch überprüfen müssen … Aktuell arbeiten wir mit Hochdruck daran, ein interdisziplinäres Kompetenzteam zu implementieren. Des Weiteren setzen wir auf verbesserte Prozesseffizienz sowie strikte Einhaltung unserer Compliance-Commitments. Nur wenn es uns gelingt, Synergien durch cross-divison-Kooperationsmodelle besser als bisher zu nutzen, werden wir uns weiterhin am Markt behaupten können … Auch werden wir ein flankierendes Outsourcing-Programm und Individualcoaching anbieten.»

Die moderne *VUCA-Welt*, die die Old Economy abgelöst hat, zeichnet sich durch schwer zu greifende Anforderungen aus, als da wären: *Volatility* (= Flüchtigkeit), *Uncertainty* (= Unsicherheit), *Complexity* (= Komplexität), *Ambiguity* (= Mehrdeutigkeit). Im Gegensatz zur traditionellen Arbeitsweise ist in der *VUCA-Welt* die Veränderung, also der *Change*, «tägliche Routine». Häufig müssen drei Zustände gleichzeitig im Blick behalten werden: Wie arbeite ich *heute*? Wie gestalte ich *Zukunft*? Wie gestalte ich den *Change*? Nun, der moderne hochflexible *Employee*, das sogenannte *T-shaped Individuum*, macht's möglich. Und doch kann der Beginn eines Meetings oft schon das vorzeitige Ende der Problemlösung sein. Denn nirgendwo wird so viel geblendet wie beim *Validieren*, *Verifizieren* und *Assessieren*.

Solange Firmen Millionenbeträge für (teils fragwürdige) Rhetorikseminare, Wording-Workshops und internes Terminologie-Management ausgeben, wird das Begriffskauderwelsch vermutlich eher zu- denn abnehmen. Oftmals geht es gar nicht darum, Kommunikationsbarrieren zu überwinden; vielmehr werden häufig neue Hürden aufgebaut. Die Bedeutungsebene (die Semantik und Pragmatik, würden die Linguisten sagen) moderner Buzzwords markiert seit jeher – zusammen mit dem Wortschatz – das Kernstück bürosprachlicher Kommunikation, das beherrschen muss, wer dazugehören will. Am auffälligsten sind Bedeutungsveränderungs- und Bedeutungserweiterungsfloskeln, Einschüchterungs-, Antreiber-, Manipulations- und Stresserfloskeln, Abschwächungs- oder Verstärkungsfloskeln und – nicht zu

Männerblümchen – Frauenblümchen?

Wer floskelt eigentlich mehr: Männer oder Frauen?

Antwort 1: Auch Frauen floskeln – und zwar umso mehr, je höher sie hierarchiemäßig in Firmen aufsteigen! Antwort 2: Frequenzmäßig reicht das «schwache Geschlecht» lange nicht an die starken Kollegen heran. Speziell meiden Frauen eher (typisch maskuline) Blender- und Aufplusterungshülsen, auch inhaltsarme Füllphrasen finden sich bei ihnen deutlich seltener (bzw. in abgeschwächter Form). Jedoch scheinen Frauen in Führungspositionen vermehrt zu kosmetischen Verschönerungsfloskeln zu neigen – was auch daran liegen könnte, dass sie häufiger im Personalbereich tätig sind, wo es darum geht, Entlassungen verträglich zu kommunizieren. Euphemismen sind aber nicht immer nur bösartige Verschleierungen, sie können auch trösten …

vergessen – die multisemantischen Universalfloskeln (auch «Beliebigkeitsfloskeln»).

Im Folgenden habe ich alphabetisch Stilblüten aus dem alltäglichen VUCA-Bingo zusammengetragen – Blenderei in Perfektion, Laberrababer vom Feinsten. Aber auch viel Originelles, Fantasievolles, Witziges – mitmachen und lautes Lachen («LOL») ausdrücklich erlaubt. Doch Vorsicht: Sprachsensible Zeitgenossen reagieren gelegentlich empfindlich auf Phrasendrescherei.

A

Achiever

wörtlich «Durchführer»; hat den *Performer* hinter sich ge-
lassen und wird in Leistungsklassen, sogenannte *Achie-
vings*, eingeteilt: *No-Achiever, Under-Achiever, Low-, Key-,
High-, Mega-, Over-, Top-, Best-Achiever.* Mit dem passen-
den → *on brand Wording* soll schon manch eine/r flott die
Karriereleiter hochgefallen sein.

Active Sourcing

Bezeichnung für den clever ausgeklügelten *Search* nach
(Top)talenten, z. B. auf Hochschulmessen, via LinkedIn,
Facebook, Instagram oder – ganz klassisch – über Flüster-
propaganda (Hauptsache *active*!). Sind die Jungspunde
onboardmäßig eingecheckt, erfolgt *Talentmanagement* in
Form von «Personalentwicklung» (böse Zungen sprechen
von Brainwash-Workshops).

Activity

hohes Engagement im jungdynamischen Managing-Umfeld
(von lateinisch «actio» = Tat); lässiger Anglizismus, der die
eigene Unersetzbarkeit untermauern soll – gegebenenfalls
bis zum *game over.*
Bsp.: *Ein höheres Activity-Level täte Ihrer Abteilung gut!*
Bedeutet: *Haben Sie jetzt endlich mal Ihren Pseudo-
Burnout auskuriert und greifen wieder an?*

agiles Arbeiten/agile Working

die Arbeitsmethode der digitalen Ära (abgeleitet von lateinisch «agere» = handeln); Tempo, Dynamik, Flexibilität – alles folgt Jeff Sutherlands «agile principles» (aus seinem Buch «Scrum», der Bibel des New Biz), als da wären: ins Handeln kommen, Lösungen generieren (und seien sie noch so sinnbefreit), unerwartete (aber vorhersehbare!) Herausforderungen (nicht: Probleme!) *sportlich* angehen (oder aber umgehen!) ... und selber den Kopf hinhalten, wenn's floppt.

Bsp.: *Wir arbeiten hier nach agilen Methoden.*
Bedeutet: *Irgendwas so schnell wie irgendwie möglich ... und nicht jammern!*

anbranden → *on brand*

Anforderungsmanagement → *Requirements*

anteasern

von englisch «to tease» = reizen, necken. Im Marketingjargon: etwas bewerben; ein bekanntes Beispiel sind Lockbriefe mit dem Aufdruck «Sie haben gewonnen. Sofort öffnen!». Im Medienbereich: mit einem knackigen Anrisstext neugierig machen. Neuerdings auch im Kontext von Unternehmenskäufen (eine Kurzdarstellung des angebotenen Unternehmens geben). Ach ja, *Social Media Teaser* sind der letzte Schrei.

antriggern

in den Allerwertesten treten. Der «Trigger» (englisch für den Auslöser bei einer Waffe) stand ursprünglich in der Psychologie für einen konditionierten Auslöseimpuls (wie

beim Pawlowschen Hund) und war somit logischerweise marketing- und vertriebsverdächtig. Unbedingt merken!
Bsp.: *Hierzu müssen wir unsere Customer nochmal speziell antriggern!*
Bedeutet: *Treten Sie denen mal so richtig in den Hintern!*

Arbeitspaket
Wer nicht glasklar sagen will, dass die Arbeit überhaupt nicht zu schaffen ist, *kommuniziert* dauerhaft unbezahlte

Überstunden am Wochenende durch die Blume über *geschnürte Arbeitspakete*. Das versteht auch jeder, klingt aber besser.

asap(st)

angelsächsisches Akronym («as soon as possible» = so schnell wie möglich). Besonders der deutsche Superlativ ist Geschwurbel der speziellen Art von (pseudo)gestressten Consultants, mit hohem Blender- und relativ geringem Zeitspareffekt.

aufbohren/anbohren

vom Handwerker- bzw. Dentistenjargon in den Vertrieb hinübergeschwappt: Erst wenn die Oberfläche freigelegt («aufgebohrt») ist, wird das eigentliche Ausmaß erforderlicher *Maßnahmenbündel* oder → *Arbeitspakete* evident.
Bsp.: *Wir müssen den Kunden sensibel aufbohren.*
Bedeutet: *Der Kunde sträubt sich noch, aber wir kriegen den noch weich.*

B

Backing
Anglizistische Sprachwissenschaftler streiten darüber, ob der Begriff (wörtlich «Deckung, Rückhalt») aus der Meteorologie («backing wind»), der Musik («backing vocals») oder der Betriebswirtschaftslehre («financial backing») stammt. Nachfolgevokabel des abgelutschten *Back-up*; hipper Consulting-Anglizismus, der auch in den Medien verbreitet ist.

Bsp.: *Habe ich in dieser Sache Ihr Backing?*
Bedeutet: *Fallen Sie mir ja nicht in den Rücken, nur um sich zu profilieren!*

Bandwidth
englisch «Bandbreite»; entstammt der Sprache der Telekommunikation («Datenübertragungsrate einer Leitung»). Wer kryptisch mitteilen will, dass ein Kollege aus der Abteilung *underperformt*, erwähnt bei Gelegenheit ganz beiläufig dessen minimale *Bandwidth*. Verpetzen ist das trotzdem …

Basic Skills
wörtlich «grundlegende Fähigkeiten»; je nach ausgeübter Funktion unersetzliche Eigenschaften wie Führungsstärke, Teamkompetenz oder Methodensicherheit (Pünktlichkeit gehört eher nicht dazu, fehlendes Zeitmanagement gilt in gewissen Branchen eher als lässig-kreativ!).

Benefits (→ *Employer Branding*)

freiwillige Zusatzleistungen (von lateinisch «beneficere» = etwas gut machen), sprich: steuerfreie Arbeitgeber-»Zuckerl», um zu *sportlichen Extrameilen* anzuspornen bzw. die Arbeitnehmer-Loyalität zu pushen. Beliebt sind Smoothies, Gruppenzusatzversicherungen und Fitnesscoupons (Nebeneffekt: idealerweise weniger Fehltage und positiver Außenauftritt = gutes Arbeitgeberimage)!

Besprechungsmanagement (→ *Kommunikationsoptimierung/ Kommunikationsmanagement, → Sprachrefreshing*)

Steuerung des effektiven Austauschs auf der Metaebene («Lass uns mal drüber quatschen, wie wir miteinander reden sollten!»); Kernkompetenz (nicht nur) für Führungskräfte. Ist von der gut gemeinten Idee zur Verzweiflungsfloskel verkommen, zumal den Worten nur gelegentlich Taten folgen (und das Ganze oft belächelt wird).

Bsp.: *Unser Besprechungsmanagement bedarf dringlich einer Optimierung.*

Bedeutet: *Wir quatschen in Meetings zu häufig aneinander vorbei – lass uns da was tun.*

Best of both

englisch wörtlich «das Beste aus beidem»; modernes Methodenprinzip, aus zwei (oder mehreren) Konzepten das Beste herauszufiltern und zu etwas (scheinbar) Neuem zusammenzusetzen – ganz nach dem Vorbild antiker Eklektiker (lateinisch «eklegere» = auswählen). Der gute alte «Kompromiss» lässt grüßen …

boosten

1. steigern, beflügeln; 2. stärken; von der NASA-Raketentechnik («to boost» = für Auftrieb sorgen) innerhalb kürzester Zeit ins E-Commerce vorgedrungen und dort mit dem Denglisch-Suffix «-en» zum Top-Terminus durchgestartet – für Startups kann es *kriegsentscheidend* sein, die Online-Shopping-Performance zu *boosten.*

Brain

englisch «Hirn, Grips, Gehirn»; in der Businesssprache häufig als Pars pro toto verwendet, im Sinne von «genialer Denker» (nicht zu verwechseln mit dem → *No-Brainer*).
Bsp. 1: *Da muss mehr Brain rein.*
Bedeutet: *Denken Sie gefälligst nach!*
Bsp. 2: *Da ist eine ganze Menge Brain drin.*
Bedeutet: *Wir stehen uns alle gegenseitig auf den Füßen.*

Brand Identity (→ *Employer Branding*)

Die Marketingabteilung hat sich komplett von der Marke entfernt und setzt Social-Media-Abstrusitäten aufs Gleis? Um nicht als innovationsfeindlich dazustehen, fragen Sie besonnen nach, ob die *Brand Identity* nicht vielleicht ein klein wenig zu sehr *gestretcht* wurde … und regen an, diese Dehnübungen schnellstmöglich abzublasen.

Business …

als *Business Case, Business Line, Business Process Management, Business Value, Business Success* usw. – die Kombinationsmöglichkeiten sind schier unendlich. Natürlich könnte man auch «Geschäftsmodell», «Geschäftsbereich», «Geschäftsführung» oder «Geschäftserfolg» sagen, aber mal ehrlich: Wer findet das *sexy*?

C

Call

wörtlich «Ruf»; *einen Call haben* = «an einer Telefonkonferenz teilnehmen» oder (ganz einfach) «telefonieren». Manchen Exemplaren des männlichen Geschlechts zufolge organisiert bzw. betreut das *Callgirl*, sprich: die Assistentin, die Zoom-Konferenz.

changen (→ *durchchangen*)

Change – «Veränderung», «Wechsel» – ist Mantra und Zauberformel moderner Unternehmenskultur bzw. Personalentwicklung; im Deutschen ist daraus mal wieder ein neues Verb geworden.

> «Mein Learning of Change and Transformation: Das Wichtigste ist die rock solid Status-Quo-Analyse! Wir haben diesen Change-Prozess gemeinsam angestoßen – lassen Sie uns nun noch mal gemeinsam in die Helikopterperspektive gehen!»
> Teilnehmer am Bullshit-Slam, Köln, 2016

Bsp.: *Keine Sorge, niemand will Sie hier changen.*
Bedeutet: *Machen Sie sich auf eine Extraportion Gehirnwäsche gefasst.*

Com-Coach → *Kommunikationscoach*, → *Personality-Tuning*

Company Success

Unternehmenserfolg – kurz und knapp. Goethe – so er heute gelebt hätte – hätte vielleicht getwittert: «Über allen Gipfeln Distress, in allen Wipfeln *Success*», oder so in der Art.

Compliance/compliant (zur → *Policy*)

hippe Würdigung der guten alten Loyalität und Regeltreue. Bei zu geringer *Compliance* der Belegschaft gegenüber immer höheren Anforderungen hilft notfalls ein grundlegender → *Reflash* der → *U-Com-Performance* – wenn auch nur vorübergehend, denn die Sache an sich bleibt ja gleich.

Creative Solution

wörtlich «Kreativlösung» – da klingt der Anglizismus doch peppiger. Sollten Sie unsicher sein, ob Cheffe hinter Ihrer Idee steht, präsentieren Sie sie einfach überzeugend als → *out-of-the-box creative Solution*. Wetten, dass er darauf abfahren wird?!

Customer Relationship/customerzentriert/customerfocused

Abgesehen davon, dass *customer* viel cooler als «Kunde» ist, fragen sich der geneigte Leser und die geneigte Hörerin, weshalb es überhaupt nötig ist, konsequente Kundenausrichtung ausdrücklich zu benennen ...

Bsp.: *Wir müssen uns customerfocused aufstellen.*

Bedeutet: *Wir haben unsere Kunden völlig aus dem Blick verloren, weil wir so verliebt in unsere Creative Solutions waren.*

D

Deep Diving/Deep Diver
wörtlich «Tieftaucher»; boomende Brainstorming-Technik auf Basis simpler Mindmaps und Feedbackregeln (als Erfinder gelten Michael Porter und Joseph L. Bauer von der Harvard Business School) – ein *Must-have* für ultrahippe Marketing-Profis. Die Unternehmensberatung Deloitte definiert es als «innovating combination of brainstorming, prototyping and feedback loops». Ein 14-Tage-Kurs im Silicon Valley ist ab 8000 Dollar zu buchen …

delivern
denglisches Wortgeklingel aus dem Beraterjargon («to deliver» = anbieten, liefern), auch gerne als Partizip verwendet (*zu spät delivert*) oder adverbial verstärkt (*sauber delivern, zeitnah delivern*); ganz und gar gebotene Activity-Blender-Floskel.
Bsp.: *Lassen Sie uns verstärkt Business Value delivern.*
Bedeutet: *Wir müssen endlich besser werden.*

Design Thinking
Ursprünglich als Kreativitätstool an der Stanford University entwickelt, ist die Strahlkraft von Wir-Intelligenz und kollaborativem Reflektieren im agilen → *Mindset* ungebrochen. Manche nennen es auch den «letzten heißen Scheiß», wobei: Ein bisschen Innovation darf schon sein!

Digital Leadership (→ *Leadership Infusion*)

Nach diesem Führungsverständnis heißt der Chef jetzt *agile Coach* und fungiert nur noch als Mentor bzw. *Facilitator. Wer* hier geführt wird? Das → *T-shaped Individuum*, der Mitarbeiter der Zukunft – wenn der Mist baut, hält er selber den Kopf hin. Logisch.

Bsp.: *In unserer Company wird Digital Leadership konsequent gelebt.*

Bedeutet: *Bei uns gibt es keinen Häuptling mehr, nur Indianer … entsprechend chaotisch läuft der Laden.*

Dirty Hacks → *quick and dirty*

Door Opener

wörtlich «Türöffner»; früher klopfte man noch mit dem guten alten «Türklopfer» an, jetzt will man gleich hindurchmarschieren; floskelhaft quer durch alle Branchen geläufig, sehr gerne auch im Healthcare-Sektor verwendet.

Bsp.: *Tierische Therapeuten mit Kuschelfaktor können als Door Opener in der Kommunikation mit kognitiv beeinträchtigten Menschen fungieren.*

Bedeutet: *Katzen finden leichter Zugang zu Dementen.*

Dotted Line

eigentlich «gestrichelte» oder «gepunktete Linie»; meint nicht den etwaigen Kokskonsum auf mondänen After-Work-Partys, sondern die fachliche Weisungsbefugnis (im Gegensatz zur disziplinarischen). Wenn also ein Bereichsleiter sagt, ihn störe die *Dotted Line* zu jemandem, dann möchte er ihn gern feuern dürfen – so lässt sich der Drang nach mehr Kompetenz (oder die Machtgier) exzellent kaschieren.

Bsp.: *Die dotted Line zum CTO ist schwach.*
Bedeutet: *Frage – kann man den CTO nicht rausschmeißen?*

Downsizing/downsizen (→ *Rightsizing*)

englisch «down» = unten, unterhalb; «to size» = nach Größe ordnen; eigentlich die «Verbrauchsreduzierung»; als Verb *downsizen* = «schrumpfen, verkleinern»; kann für überdimensionierte Projekte genauso benutzt werden wie für Abteilungen oder ganze Standorte. Egal, was Betroffene sagen: *Downsizen* geht immer. Klingt zudem besser als «Personal abbauen» oder «platt machen».

durchchangen

alles von den Füßen auf den Kopf stellen; putzig-bizarrer Sprachzwitter – «the winds of change» bzw. das *Change Management* (Erfinder: Harvard-Business-School-Legende John P. Kotter) lassen grüßen.

E

eingrooven (sich)

englisch «groove» = Ackerfurche, Rille, Spur (die dem Bauern die Marschrichtung vorgibt); auch die Schallplatten-rillen hießen *grooves* (vgl. «grooviger Rhythmus»!); buzz-sprachlich: in denselben Schwingmodus kommen, sich bzw. jemanden (sprachlich-terminologisch) akklimatisieren, «einreiten»; → *Terminologie-Management.*
Bsp.: *Hast du dich schon bei uns eingegrooved?*
Bedeutet: *Hast du auch schon die Sprach-Gehirnwäsche bekommen?*

einpriorisieren

von lateinisch «prior» = Anführer; Beratersprech-Neologismus mit Bedeutungsveränderung: jemanden mit Haut und Haaren einverleiben, damit er oder sie die «richtigen» Prioritäten setzt – im Sinne der Company, versteht sich.
Bsp.: *Sehen Sie zu, dass Sie die Neue entsprechend einpriorisieren!*
Bedeutet: *Machen Sie ihr klar: Sie gehört jetzt ganz und gar der Company ... Privatleben kann sie knicken.*

Employ ...

vielseitig einsetzbarer Anglizismus mit Blenderstatus, gern im Consultantbereich verwendet; auch im Deutschen kennt man die *Employability* (Eignung, ein Arbeitsverhältnis zu meistern; Vermittlungsfähigkeit), das *Employment* (= Arbeit), den *Employer* (= Arbeitgeber) und den *Employee* (= Arbeitnehmer) sowie das *Employer Branding*: das Bestreben, ein Unternehmen attraktiver zu machen bzw. von der Konkurrenz positiv abzuheben («Branding» leitet sich übrigens vom eingebrannten Zeichen zur Erkennung von Pferden und Rindern auf Viehmärkten her …).

Bsp.: *Das zentrale Ziel unseres Employer-Branding-Konzeptes besteht darin, die Effizienz der Personalrekrutierung dauerhaft zu steigern.*

Bedeutet: *Wenn wir nach außen nicht so schlecht aufträten, hätten wir vielleicht auch größere Chancen, bessere Mitarbeiter zu finden und zu halten.*

empowern/empowered (→ *inspired*)

englisch «to empower» = stärken, ermächtigen, befähigen; dann auch: motivieren, gut zureden; Bedeutungsverstärkung in Richtung Manipulation – Motto: «Raus aus der *Komfortzone!*»

Bsp.: *Der Herr Pollmann sollte nachhaltiger empowered werden.*

Bedeutet: *Wir müssen dem Pollmann noch mal gut zureden, vielleicht sollten wir den auch coachen lassen.*

Entlassungsproduktivität

euphemistische Erpressungsfloskel für verbliebene Arbeitskräfte, die aus Angst vor Arbeitsplatzverlust Mehrarbeit in Kauf nehmen (Unwort des Jahres 2013); «unqualifizierte Bezeichnung aus dem Verunglimpfungs-Vokabular des ökonomischen Faschismus, das den Mehrgewinn der Konzerne durch die Entlassung überkapazitärer Mitarbeiter ausdrücken soll» (Die LINKE).

Erfahrungskurve

eine gefühlte Analyse über Pi mal Daumen; betriebswirt-schaftliches Konzept, welches erstmals 1925 im US-ameri-kanischen Flugzeugbau entwickelt wurde und ursprünglich besagt, dass die realen Stückkosten in dem Maße sinken, wie sich die Produktion erhöht; wirkt kompetent – Devise: «Vertrauen Sie uns!»

Bsp.: *Laut unserer Erfahrungskurve wird sich das Wachstum bald nachhaltig beschleunigen.*

Bedeutet: *Mist, wir schreiben immer noch dramatische Verluste und können nur hoffen, dass sich das demnächst ändert.*

erfolgskritisch

Gewisse *Skills* sind für den modernen *Employee erfolgskritisch*: sicheres Auftreten, klapperndes *Wording* und – vor allem – *Visionen*; spitze Zungen reden auch von totaler Selbstüberschätzung bei absoluter Ahnungslosigkeit.

Exit-Strategie

wörtlich «Ausgang-Plan», ein Schlachtplan für den Abgang; gemeint ist der feste Vorsatz, zum gegebenen Zeitpunkt «rauszugehen» («Wo ist denn hier der Notausgang?»), jedoch nur mit einem → *fetten Paket*, schon klar. Wie man das anstellt? Einfach nicht mehr → *compliant zur Policy kommunizieren*, das reicht meist schon aus (bestehen Sie aber unbedingt auf einem soliden *Outplacement-Bündel*, am besten mit *Sprinterprämie!*).

F

Fähigkeitslücke

Kluft zwischen Fähigkeits- und Anforderungsprofil eines *mittelprächtigen Performers*. Das Auffinden von Fähigkeitslücken (ursprünglich beim US-Militär: «capability gaps»!) anhand von Expertisen oder Präsentationen gehört zum Brot-und-Butter-Geschäft professionellen Fähigkeitsmanagements.

Fast Learner

wörtlich «Schnell-Lerner»; exemplarisches Wichtigtuer-Denglisch besonders für *High-Performer* der Hier-Jetzt-und-Sofort-Epoche.
Bsp.: *«Wir sind hier alles Fast Learner»* (www.deloitte.com).
Bedeutet: *Jetzt stellen Sie sich nicht so dämlich an!*

Feelgood-Manager (auch: Kultur-Manager)

Mädchen/Männlein für alles (und nichts); eine Art besserer Unternehmens-Concierge, der für vieles verantwortlich ist bzw. gemacht werden kann, was nicht rund läuft. Hauptaufgaben: teambildende Kochevents, gesponsertes Kantinenessen, Obst zur freien Entnahme, Ex-Patriot-Pampering, interkulturelle Hindernisse überwinden, Konflikte abmoderieren, Hilfe bei der Wohnungssuche, Vermittlung von Kinderbetreuung etc. Die Idee dahinter: Wenn Mitarbeiter sich wohlfühlen, sind sie eher bereit, die *Extrameile* zu gehen – hofft man.

fettes Paket (→ *Employer Branding*)
metaphorisch für «attraktive Vergütung» … oder aber → *Goodies*, mit denen die Belegschaft bei Laune gehalten werden soll; zumindest eine respektable Abfindung für den → *Outburner*.
Bsp.: *Wir haben Ihnen ein fettes Paket festgezurrt.*
Bedeutet: *Wieviel müssen wir Ihnen denn zahlen, damit wir Sie hier nicht mehr sehen?*

focusen
Die denglische Variante hat das klassische «fokussieren» (von lateinisch «focus» = Feuerzentrum) abgelöst und in Richtung → *targeten* (= onlinemäßig jemanden zielgruppengerecht ansprechen) weiterentwickelt; ursprünglich in der Physik beheimatet, wo das Verb soviel bedeutet wie Lichtstrahlen in einem Brennpunkt zu vereinigen, zusammenzuführen, zu bündeln; Universalfloskel ohne zeitliche Beschränkung.
Bsp.: *Wir werden unsere Customer zukünftig stärker focusen.*
Bedeutet: *Bisher haben wir im Online-Marketing so gut wie alles verschlafen.*

Footprint
Fußabdruck, Fußspur; von der Satellitentechnik («footprint» = Ausleuchtungszone) und der IT-Fachsprache (Speicherplatz für Backup-Software) ins Wirtschaftsleben herübertransferiert; Pidgin-Fans, die alles Biodeutsche ablehnen, kommen hier *vollumfänglich* auf ihre Kosten.
Bsp.: *Ich bin hier angetreten, um einen Footprint zu hinterlassen.*
Bedeutet: *Die sollen hier noch in Jahren an mich denken …*

Freelance-Managing

alles rund um die Kooperation mit freien Mitarbeitern, vom *Onboarding* («An-Bord-Nehmen») übers *Briefing* bis hin zum *up or out* (Aufstieg oder Rausschmiss).

Bsp.: *Unser Freelance-Managing müsste gelegentlich mal auf den Prüfstand.*

Bedeutet: *Jemand muss sich dringend mehr um die Freien kümmern, sonst wandern die letzten auch noch ab.*

Freeze

1. Preisstopp, Preisstabilität; 2. Zeitpunkt in einem Projekt, ab dem bestimmte Beschlüsse verbindlich geworden sind; abgeleitet vom Zustand der ausbleibenden Reaktion nach einem Computercrash.

Bsp.: *Sie profitieren derzeit von unserem Freeze im Pricing.*

Bedeutet: *Würden wir die Preise noch weiter erhöhen, wären wir sowas von raus aus dem Markt.*

G

gehighlighted → *highlighten*

Go

Freigabe vom Chef. Beliebt sind auch *go green* = «wir sind vielleicht bald in den schwarzen Zahlen» und *go for it/go it alone*: Wer seinen (gescheiterten) Alleingang bei der waghalsigen Projektlancierung als couragiert verkaufen will (obwohl alle gewarnt hatten!), spricht besser von einem *Go-it-alone* anstatt von Missgeschick; klingt definitiv respektabler als «Tunnelblick», «Beratungsresistenz» oder «Kamikaze-Aktion» (und täuscht zudem Eigeninitiative vor).
Bsp. 1: *Habe ich Ihr Go?*

Bedeutet: *Könnten wir das Ding jetzt vielleicht endlich mal abschließen?*
Bsp. 2: *Dem Go-it-alone fehlte eine flankierende Strategie.*
Bedeutet: *Konnte ICH ja nicht ahnen, dass ich mit meiner Kamikaze-Aktion so auflaufe.*

Getting-Things-Done-Methode (kurz *GTD*)
Die «Karriere-Bibel» von Jochen Mai schreibt: «GTD ist ein bewährtes Selbstmanagement-Tool ... Dabei geht es im Kern um zwei Basics: zunächst alle Aufgaben – etwa per To-Do-Liste – sammeln, die erledigt werden müssen; anschließend diese in Teilschritte zerlegen und abarbeiten. GTD trennt allerdings Termine von Aufgaben. Erstere werden in einem Kalender eingetragen, Aufgaben gehören auf Listen. Beide zusammen fungieren als Werkzeuge zur Bewältigung des Alltags.» – Wow!

Goodie (→ *Benefits*)

gesprochen «Guddi»; mehr oder minder attraktive Gehaltszugabe, (materieller) Zusatzanreiz. Manche Companys *pampern* (vermeintliche) *Over-Performer* mit Shoppingrabatten, Fitnesscoupons etc., um sie bei der Stange zu halten.

Green Deal

Bis 2050 will die EU klimaneutral werden ... Der Weg dorthin: «grüne» Geschäfte! Marketingstrategen jauchzen: Klimaschutz, in der *Corporate Identity* verankert, gilt als top Werbe-*Tool*, um «den Menschen da draußen» vollmundig zu kommunizieren, wie ernst man es doch mit der *Nachhaltigkeit* meint.

Bsp.: *Der Green Deal ist integraler Bestandteil unserer nachhaltigen Unternehmensstrategie.*

Bedeutet: *Wir haben verstanden, dass wir ab und zu mal eine geschickte Klima-PR-Aktion lancieren müssen, damit nicht so auffällt, wie sehr wir schon immer die Umwelt belasten. Sollte halt nur nicht zu viel kosten.*

H

Hardcoreprojekt/hardcoremäßig

abschreckend bzw. abstoßend wirkender Begriff für *vordringliche* Projekte im Haifischbecken des operativen Geschäfts, wo man(n) besonders tief eindringen muss, um Neues zu *generieren*, andernfalls lässt sich garantiert nichts *rocken*.

Headcount Reducing

auch als *Reduzierung des Headcount* (englisch wörtlich: «Kopfzahl») bekannt; schöneres Wort für «Kündigung»; anzutreffen sind auch Monster-Zusammensetzungen wie *Headcountreduktionsmaßnahme, Headcountabbau, Headcountbereinigung, Headcountflexibilität.*
Bsp.: *Es darf keine heilige Kuh sein, auch über die Reduzierung des Headcounts nachzudenken.*
Bedeutet: *Schluss mit lustig – jetzt geht's einigen hier definitiv an den Kragen.*

Health Day

englisch «Gesundheitstag», an dem den karrierehungrigen Jungtalenten treffend kommuniziert wird, dass *Resilienz* eine Frage der inneren Haltung sei und durch Yoga jeder nur erdenkliche Stress von Leib und Seele abfalle; parallel werden alle Nischen des Großraumbüros nonstop mit Elektrosmog geflutet (und der Leistungsdruck mit seinen sich schließenden *Zeitfenstern* und unhaltbaren *Deadlines* als eigentlichen Hauptstressoren bleibt hübsch unerwähnt).

Hickups

wörtlich «Schluckauf»; businesssprachlich: kleinere Problem(chen) – doch wehe, wenn man sie unterschätzt, dann holen sie Verstärkung, kommen zurück und werden plötzlich zur *fundamentalen systemischen Herausforderung.*

highlighten

von englisch «high» = hoch und «light» = Licht; 1. etwas hervorheben; 2. groß rausbringen, aus einem langweiligen Projekt ein Happening machen. Wer solche Faseleien verbreitet? Beispielsweise der DUDEN, wie schon zitiert: «*Alle Textsegmente können mit Mausklick gehighlighted werden.*» Warum geht da nicht: «Sie können einzelne Begriffe in der Präsentation farblich hervorheben»?
Bsp.: *Welche Teile Ihrer Vita möchten Sie bei meiner Vorstellung gehighlighted haben?*
Bedeutet: *Was soll ich besser gleich weglassen?*

Highspeed-Runner

bewundernd: Topleister (wörtlich «Hochgeschwindigkeitsläufer»); jemand, der extrem *sportliche* Ziele verfolgt und – unabhängig von der Arbeitsqualität – die *Extrameile* geht, bis er zum → *Outburner* wird.
Bsp.: *Herr Körner entwickelt sich zum Highspeed-Runner!*
Bedeutet: *Krass, was der Körner alles wegschafft – auch wenn er kurz vor dem Herzinfarkt steht und viele Schnitzer macht!*

hochohmig

1. gegen alle Widerstände; 2. voll unter Spannung stehend; Nachfolgephrase für das in die Jahre gekommene *hochtourig* (= linguistische Transformation). Eigentlich semantisch

verbeult, denn in Ohm wird bekanntlich nur der elektrische Widerstand – und eben gerade nicht die Spannung – gemessen. Wenn das der gute alte Georg Simon Ohm wüsste ... so what!?

Bsp.: *Der von Ihnen angestoßene Transformationsprozess wird von mir hochohmig begleitet.*

Bedeutet: *Ich werde gegen alle Widerstände dafür trommeln, so dass alle denken, dass die Idee von mir stammt. (Sollte uns das Ding unerwartet auf die Füße fallen, halten aber Sie den Kopf hin!)*

Human ...

Human Development = hipper Anglizismus für Personalentwicklung *on brand*; *Human-Resource-Transformation* = «Menschen-Kapital-Veränderung», ein von HR auf den Weg gebrachtes dringliches *Maßnahmenbündel*, um die Belegschaft im Rahmen eines *Changeprozesses* einzuordnen, wobei → *U-Com* (= Unternehmenskommunikation) eine zentrale Rolle spielt.

hunting instead of fishing

wörtlich «jagen statt fischen» – gemeint ist: Anstatt im Trüben zu fischen und einfach nur abzuwarten, bis vielleicht mal ein Koi anbeißt, geht der agile HR-Experte im → *Active-Sourcing-Recruitingprozess* z. B. auf Hochschulmessen selbst auf die Jagd nach *Toptalenten,* um diese zeitnah zu → *Transformern* aufzubauen.

I

in ...

in verschiedenen englischsprachigen Zusammensetzungen wie *in budged, in time, in quality* usw. im Buzzjargon vollkommen unumgänglich.

Influencer (→ *Opinion-Leader*) moderner Häuptling, dessen Einfluss (in einer Abteilung) als so dogmatisch erlebt wird, dass andere seinen Meinungen und Empfehlungen blind folgen; stammt aus der Social-Media-Ecke (Blogs, Vlogs), inzwischen schablonenhafte Verwendung quer durch alle Branchen.

«Du gewährleistest, dass alle Projekte in time, in budget, in quality verlaufen, und sorgst so für ein Maximum an Kundenzufriedenheit. Für das dir zugeordnete Klient Service Team bist du Leader und auch Coach. Deine Führung stellt sicher, dass Ziele erreicht werden, die Teams optimal besetzt und deine Motivation auch in herausfordernden Situationen beflügelnd wirkt.»

Stellenanzeige auf www.stepstone.de für die Position eines Account Director

Innovation ...

Innovationsträger/-treiber/-Driver: Mitarbeiter, der vom → *Mindset* her zu *Visionen* neigt. Ja, ganz recht: Solche Wichtiglinge crashen das Abteilungsklima und treiben ehemalige Arbeitsbienen in die innere Kündigung ...
Innovation Lag/Vision Lag: wörtlich «Innovationslücke». In Ihrer Company gibt es einen Kreativitätsstau, oder Ihre Produkte sind nicht mehr → *state of the art*? Dann palavern Sie beim nächsten *All-Hands* zwingend vom *Innovation Lag* – klingt so smart wie Jetlag, meint aber nichts anderes,

als dass Sie retro, verschlafen und womöglich bald pleite sind (nur eben etwas diplomatischer).

Innovationsapproach: wörtlich «Erneuerungsanflug/-ansatz». Um Ihr hohes → *Skill-Level* zu untermauern, sollten Sie *einen nachhaltigen Innovationsapproach an den Start bringen.* Sie wissen nicht wie? Hier ein Input: *«Während eine Closed Innovation in einem in sich abgeschlossenen Unternehmensumfeld entwickelt wird, bezieht Open Innovation externes Wissen in das Innovationsmanagement mit ein»* (www.lead-innovation.com). Also einfach mal rumtelefonieren!

inspired (→ *empowered*)

lateinisch «spiritus» = Geist(eskraft); wer auf sich aufmerksam machen will, zeigt sich permanent *total inspired* (begeistert, begeisterungsfähig); denglische Nachfolgevokabel für «inspiriert», was keiner mehr hören kann.

Bsp.: *Den Vorschlag von Frau Müller finden wir nicht gerade inspired.*

Bedeutet: *Das kann sie vergessen – wird nicht umgesetzt!*

K

Key- ...

Schlüssel vergessen? Der *Key-Performer/Key Account Manager/Key-Opinion-Leader* (in allen Fällen hochtrabend für «Leistungsträger») hat für alles eine Lösung. Wortbildungsmuster wie beim sattsam bekannten *Facility-Manager* (= Quasi-Hausmeister); Aufplusterungs-Anglizismus aus dem Marketing, ein gefundenes Fressen für die Mehr-Schein-als-Sein-Gesellschaft.

Bsp.: *Wir suchen einen fähigen Key-Opinion-Leader als Brand Manager.*

Bedeutet: *Wir brauchen einen Feuerwehrmann, der die Kunden volllabern kann, bis sie alles unterschreiben.*

Komfortzone verlassen

einer der zentralen Antreiberbegriffe, dabei semantisch unscharf: Die Komfortzone ist weniger ein (konkreter) Ort der Bequemlichkeit als vielmehr ein (vermuteter) Zustand des Gemächlich-vor-sich-hin-Wurstelns ohne Disstress, geschweige denn mit der Bereitschaft zur *Extrameile.*

Bsp.: *Vielleicht sollten hier einige mal ihre Komfortzone verlassen.*

Bedeutet: *Jetzt geht's hier richtig rund, Leute.*

Kommunikation ...

in verschiedensten Komposita als *Kommunikationsoffensive, -profi, -profil, -lösung, -experte, -skill, -kanal, -management, -panne, -optimierung, -seminar, -thema, -tool, -vielfalt* usw.; *effektiv kommunizieren:* Gemeint ist immer, andere so zuzutexten, dass diese die Manipulation glatt überhören; ansonsten Smalltalk-Verschönerung für «laberdifasel».

Bsp. 1: *Wir brauchen eine Kommunikationsoffensive.*

Bedeutet: *Lasst uns halt mal mit ein paar Leuten darüber quatschen.*

Bsp. 2: *Wir bieten maßgeschneiderte Kommunikationslösungen an.*

Bedeutet: *Wir sind spitze darin, unsere Kunden mit nichtssagenden Hülsen einzulullen.*

Kommunikationscoach

Schon Beckenbauer hatte einen, doch die neueren Exemplare *wirken* subtiler: Es geht um *Sprachtuning* – entsprechende Seminare firmieren unter *Kommunikationsoptimierung* oder *Sprachperformance(-Management)* und sind nirgends unter 3000 Euro Tagessatz zu haben.

Kompetenz ...

gerne in Zusammensetzungen verwendet wie *Kompetenzträger, -gerangel, -überschreitung, -analyse, -themen, -verwicklungen, -vermischung, -probleme, -aufgleisung, -aufbau, -ressourcen, -vermögen, -stärkung, -verbesserung, -optimierung, -team.* Letzteres besteht aus Mitarbeitern, die ggf. keiner Abteilung zugeordnet sind bzw. die man woanders nicht brauchen kann; vielfach aus der Not zusammengewürfelte Zufallstruppe visionärer Dampfplauderer, Prahler und Möchtegerns; großtuerische Cheffevokabel ohne Substanz. Der *Kompetenzträger* verkörpert einen Maulhelden mit hohem Selbstdarstellerfaktor; bei der *Kompetenzanalyse* wird geschaut, wer am lautesten «hier» schreit – der darf sich dann für den nächsten *Karrierestep battlen*, ehe er zum → *Outburner* wird.

Bsp.: *Das Kompetenzteam kümmert sich.*
Bedeutet: *Wir tappen hier völlig im Dunkeln, haben aber ein paar Leute drangesetzt, die wir woanders nicht brauchen können.*

«Zukünftig werden die Titel der ‹Brigitte-Gruppe› von einem agilen, kreativen und flexiblen Kompetenzteam ausgedacht und produziert. Durch diese strategische Strukturumstellung holt ‹Brigitte› mehr Vielfalt und Potenzial von außen rein.»

www.spiegel.de/kultur

L

Laden rocken → *rocken*

languagen

Mitarbeiter werden rausgeschmissen, gar ganze Abteilungen dicht gemacht? Da braucht es exzellentes → *Kommunikationsmanagement.* Natürlich wird keiner fragen: «Wie verschleiern wir das?» Die Ansage lautet vielmehr: *Wie languagen wir das Ding?*

Lead

ursprünglich in der Musikszene beheimateter Begriff (Lou Gramm, Lead-Sänger von Foreigner), von da über NLP-Seminare («Neurolinguistisches Programmieren») in den Verkaufsjargon herübergeschwappt und schließlich in den Bürolofts gelandet: nicht nur in den Wendungen *in den Lead gehen* und *den Lead übernehmen* (= Führungsrolle annehmen bzw. proaktiv übernehmen), sondern auch in *einen Lead generieren* (= einen Kunden aufreißen).

Leadership Infusion

Wer höflich → *syncen* möchte, dass er vom gegenwärtigen Boss nicht wirklich viel hält, kann ganz allgemein (und vor allem unpersönlich) den Elefanten *Leadership Infusion* in der Officeküche platzieren – wer das dann nicht rafft, glaubt wahrscheinlich noch, dass Zitronenfalter Zitronen falten; halbwegs kreativer Rückgriff auf den Halbgott in Weiß, der mit einer Spritze für Erleichterung sorgt.
Bsp.: *Eine Leadership Infusion könnte uns pushen.*

Bedeutet: *Mit dem derzeiti-
gen Chef ist alles total chaotisch.*

Lean …

Weg mit den überflüssigen
Pfunden, äh … Mitarbei-
tern! Schlankes (engl. «lean»)
Management/eine schlan-
ke(re) Produktion ist das
Gebot der Stunde. Die Vo-
kabel wird seit den 1990er
Jahren, ausgehend von den
USA, zur Verschleierung
eingesetzt, wenn darüber

Der «Harvard Business Manager» schreibt:

«Lean Production und Lean Management
tragen maßgeblich zur Optimierung der
Produktivität bei. Auch im administrati-
ven Bereich gibt es entscheidende Poten-
tiale zu heben. Schlüssel zum Erfolg von
Lean-Office-Projekten sind die grund-
sätzliche Identifikation des Manage-
ments mit der Lean-Philosophie und der
Support einer offenen Feedbackkultur.
Der Change-Prozess ist durch ständige
Evaluation sicherzustellen.»

philosophiert wird, wie sich mit weniger Personal mehr
verdienen lässt. Dafür braucht es eine → *Lean-Office-Roadmap* (= schlankes Geschäftsprozessmanagement). *Lean-
Philosophie* meint: Es muss in den Köpfen ankommen, dass
Köpfe rollen müssen.

Lean-Office-Roadmap

Führungsprinzip/Leitbild mit dem erklärten Ziel, die Wett-
bewerbsfähigkeit *nachhaltig* zu steigern, sprich: noch mehr
Profit mit noch weniger *Headcount* zu machen, wobei
die langsameren Mitarbeiter zwangsläufig durch den Rost
fallen. «*Lean Administration bzw. eine klar umgesetzte
Lean-Office-Roadmap reduziert die Komplexität von Ver-
waltungsprozessen und macht Prozesse effizienter*» (www.
business-wissen.de).

Learner/Learning

«Lerner»/»Lernkurve»; es geht hier darum, für die Zukunft
etwas mitzunehmen; gerne semi-elegant verdenglischt als
Learning ziehen (Motto: «Wir lernen hier alle jeden Tag was
Neues – außer mir, denn ich kann schon alles!»).
Bsp.: *Wir ziehen daraus unsere Learnings.*
Bedeutet: *So dämlich werden wir uns hoffentlich nie wieder
anstellen.*

Leave

Freistellung (wörtlich «Verlassen»); zu beobachten war in den letzten Jahrzehnten eine Transformation vom althergebrachten *Sabbatjahr* über das coolere *Sabbatical* hin zum ultrahippen *Leave,* wo der → *Outburner nachhaltig* seine *Resilienz* stärken und neue Reserven für den nächsten *Change* aufbauen soll.

long term strategy

langfristige(re) Planung; imponierend-geschraubter Beratersprech, ein gezielt angebrachter Gegenpart zum zeitgeistigen Hier-und-jetzt-sofort-Geklingel.
Bsp.: *Gibt es hierzu eine long term strategy?*
Bedeutet: *Denken wir hier zur Abwechslung mal nicht nur von heute auf morgen?*

low hanging fruits

englisch «tief hängende Früchte»; geflügelte Buzzword-Metapher für flink zu «pflückende» Erträge, wenn es in der Abteilung mal wieder zappenduster aussieht und dringend frisches Money *generiert* werden muss; auch bekannt als *quick wins.* Geht zurück auf Äsops legendäre Fabel «Der Fuchs und die Trauben», die fast jeder Grundschüler als Diktat geschrieben hat.

M

Markt …

Der Markt tritt hin und wieder als menschliches Wesen auf, wobei man sich fragen darf, wie die *Marktteilnehmer* ihn sich dann vorstellen. *Marktbedürfnisse (sich verändernde)* meint alles, was die Kaufentscheidung positiv beeinflusst (betriebswirtschaftlich: «market needs», «market demands»); der *Marktpenetrationsprozess* ist die Spanne, in der ein neues Produkt, nun ja, eingeführt wird.

Bsp.: *Der Marktpenetrationsprozess für Produkt A verläuft noch etwas suboptimal.*

Bedeutet: *Keiner will unser Produkt kaufen.*

Marathon/Marathonsitzung

endlose lange Besprechung; schablonenhafte Übertreibung, um besondere Tapferkeit zu demonstrieren; gehört wie auch *Meilenstein* zu den abgedroschenen und dennoch unkaputtbaren Motivationsfloskeln aus der Iron-Man(ager)-Ecke …

Mindset

Denkweise, Verhaltensmuster, (Arbeits-)Mentalität; zentrales Sprachblümchen im → *Design Thinking*. Das *Mindset* untermauert die eigene *Attitude* eindrucksvoll: Ein *Growth-Mindset* verspricht Berufserfolg; mit einem *Fixed-Mindset* hingegen treten Sie auf der Stelle – gut, dass man's gesagt bekommt.

Bsp.: *Vielleicht sollten wir mal unser Mindset reflektieren!*

Bedeutet: *Denken Sie mehr vom Firmenerfolg her, schalten*

Sie zwei Gänge hoch und sehen Sie nicht immer alles schwarz!

Must-have/Will-have

«muss/will man haben», im Gegensatz zum → *Nice-to-have*, das eben nicht unverzichtbar ist; anglizistische Bluffer- und Blenderphrase, um ja nicht zu trivial zu erscheinen; böse Zungen sprechen hier von einer frühkindlichen Besitzfixierung («will haben!»).

Bsp.: *Diese Sneaker sind das neue Must-have des Sommers.*
Bedeutet: *Wer was anderes trägt, ist sowas von out.*

N

Need-to …

Need-to-know (= wichtig zu wissen), *Need-to-let* (= wichtig loszulassen), *Need-to-finish* (= wichtig zu beenden) und noch ein paar ähnlich launig klingende *Wordings* … und fertig ist die *Up-or-out-Career* für den *hippen Over-Performer*.

Nice-to …

meist als *Nice-to-need* oder *Nice-to-have* bzw. *Nice2have*; «schön zu brauchen», «schön zu haben», aber eben nicht so zwingend notwendig wie das → *Must-have*, also eigentlich Firlefanz.

Bsp.: *Wir sollten nochmal an die Nice-to-have-Kosten ran.*

Bedeutet: *Wir müssen sparen und machen das am besten dort, wo es am wenigsten Geheule gibt.*

No-Brainer

Klacks bzw. idiotensicheres Vorhaben, für das man quasi kein Gehirn braucht, um es zum Erfolg zu führen. Der urtümliche Prototyp war der «Selbstläufer», der klingt aber natürlich nur halb so *sexy*.

Nullwachstum

euphemistische Spracherfindung besonders gewitzter Wirtschaftspsychologen – der Stillstand klingt damit aller Null zum Trotz nach Wachstum und vermag vielleicht den einen oder anderen (zumindest im Unterbewusstsein) einzulullen.

O

Offboarding-Management/-Konzept

(Über-)Lebensberatung für *freigestellte* Mitarbeiter. *Offboarding* stammt ursprünglich aus dem Fliegerjargon («boarding-time») und bezeichnete den Zeitpunkt, wenn Fluggäste in den Flieger steigen. Das *Offboarding-Konzept* suggeriert, dass selbst die gefeuerten Mitarbeiter, die den Abflug machen müssen, nichts mehr einwenden können.

Bsp.: *Wir werden das Offboarding-Management in professionelle Hände geben.*

Bedeutet: *Wir setzen zwar gerade Leute auf die Straße, die kaum Chancen auf einen neuen Job haben, aber unsere Weste bleibt lupenrein.*

Offside-Event

Erlebnis-*Breakout*, Teambuilding fernab vom Schuss in sogenannten Mission Parcours. Die gute alte Isar-Floßfahrt war einmal, heute sind Riverrafting, Canyoning, Bodyflying, Quad Tours usw. en vogue; meist Teil eines Personalentwicklungs-*Maßnahmenbündels,* das sich Firmen richtig was kosten lassen.

Offsite

wörtlich «Außenseite»; wer einen Außentermin bzw. ein Meeting außerhalb des Büros wahrzunehmen hat und wichtig genug ist (oder sich selbst für ausreichend bedeutsam hält), nimmt an einem *Offsite* – und nichts anderem – teil. Dringendst merken!

One-Pager

eigentlich «Einseiter»; knapp gehaltenes Term-Sheet … und falls doch mal Details durch den Rost fallen sollten, shit happens! Hand aufs Herz: Haben *Sie* die Zeit, dieses Buch genüsslich von vorn bis hinten durchzulesen? (Falls ja, Glückwunsch für Ihr gelungenes *Time-Management*!)

Bsp.: *Schreiben Sie mir einen griffigen One-Pager!*

Bedeutet: *Bringen Sie die Sache wenigstens dieses eine Mal auf den Punkt!*

on brand/off brand

Irgendwas am Unternehmensprodukt oder am Außenauftritt kommt Ihnen schief vor. Doch Sie wollen nicht besserwisserisch erscheinen – was sagen Sie? Genau: *Ist das so wirklich on brand?* Auch als Verb gebräuchlich: *an-/onbranden* = jemanden auf Linie bringen, sprich: im Rahmen von → *Terminologie-Management* dafür sorgen, dass der Außenauftritt *on brand gelanguaged* wird. Klipp und klar!

on top

oben drauf, zusätzlich; im Verkauf unvermeidbares Buzzword, um (scheinbar) immer noch eins draufzusatteln.

Bsp.: *Das Tool bekommen Sie als Goodie noch on top.*

Bedeutet: *Das Ding ist natürlich voll eingepreist, aber das müssen Sie ja nicht wissen.*

«Willkommen! Im Büro ist Krieg? Ja, und? Immer rein, wo's weh tut. Ran an die Front. Was? Fronterfahrung hat er keine, der studierte Jungspund? Toptalent! Wenn ich das schon höre. Top. Was denn für Talent? … Ich seh das ganz unaufgeregt, aber sowas von. Wenn die mich jetzt outplacen wollen, dann kann ich nur sagen, placet mich halt out, ihr Headcount Reducer, dann werdet ihr schon sehen. Das Toptalent soll hier erst mal ordentlich onbranden, jawohl.»

Teilnehmer des Bullshit-Slam
(Name unbekannt, Tonbandprotokoll)

operationalisieren/Operationalisierung

lateinisch «operatio» = Tat. Sie wollen eine lang gehegte Idee in die Tat umsetzen und auch ernst genommen werden – dann sollten Sie unbedingt von *Operationalisierung* schwadronieren – gehört zum Grundwortschatz jedes karrierebewussten Managers und hat das etwas angestaubte *operativ* längst ausgestochen.

Opinion-Leader

wörtlich «Meinungsführer»; jeder kennt diese anstrengenden Alpha-Typen im Nadelstreif, die Meinungen «machen» bzw. durch ihre Dauerpräsenz nerven. *Key-Opinion-Leader* gelten als die Indianerhäuptlinge des 21. Jahrhunderts, wobei anders als bei diesen Führungskompetenz nicht zwangsläufig gegeben sein muss. Anders gesagt: Ein *Opinion-Leader* kann auch eine ziemliche Flachpfeife sein.

Outburner

wörtlich «Ausbrenner» = Person, die am Erschöpfungssyndrom (landläufig: Burnout) laboriert; betrifft nicht selten die besonders Engagierten mit extrem *sportlichem* Ehrgeiz, wobei Yoga und Rückengymnastik hier gerade nicht zählen.

Outcome Value

bestechender Beraterslang für das, was monetär unter dem Strich übrig bleibt; Google übersetzt es blass mit «Ergebniswert», aber mal ehrlich: Wer will das hören?

Out-of-the-box-Lösung

Sie haben keinen Schimmer, wie Sie die vielzitierte Kuh vom Eis kriegen? Die Antwort: Präsentieren Sie Cheffe irgendwas Unausgereiftes und verkaufen Sie das Ganze als *Out-of-the-box-Lösung* oder als *Creative Solution* – Sie gewinnen damit Respekt und Zeit für die echte Problemlösung. Ursprünglich in der IT beheimatet: Software auspacken, installieren, loslegen – schön wär's …

P

Panel

altfranzösisch «panel» (heute: «panneau») = Tafel, mittelenglisch «panel» = Pergamentstück; repräsentative Personengruppe für Befragungen oder Beobachtungen – laut Gablers Wirtschaftslexikon «gleichbleibender Kreis von Auskunftssubjekten hinsichtlich der Optimierung von Veränderungsmessungen»; v. a. im Beratersprech als Phrasenplattitüde verwendet.

Partikularinteressen

Interessen einer kleinen (als unbedeutend erachteten) Abteilung im großen Ganzen (von lateinisch «pars» = Teil); meist abwertend verwendet.

Bsp.: *Wie hier Partikularinteressen den Benchmark beeinflussen, ist neu in dieser Qualität und stellt einen Affront dar.*

Bedeutet: *Eine Frechheit, was diese Kleinscheißer sich hier rausnehmen!*

Partnerlandschaft optimieren

sich um bessere bzw. zuverlässigere Geschäftspartner bemühen, sein Unternehmen auf eine breitere Basis stellen; metaphorisches Aufplusterungsblümchen, vornehmlich bei *Vertriebsmannschaften* anzutreffen.

Bsp.: *Das Cloudbridge ist ein top Tool, um die Partnerlandschaft ganzheitlich zu optimieren.*

pending

Wenn Sie nicht geradeheraus sagen möchten, dass Sie noch überhaupt keinen Plan haben, wie es in einem Projekt weitergehen könnte, kommunizieren Sie einfach locker-flockig *Die Entscheidung ist noch pending* ... und man wird Sie für eine Weile in Ruhe lassen.

penetrieren

lateinisch «penetrare» = durchdringen; (mit Gewalt) einführen, ein Produkt mit allen Mitteln und ohne Rücksicht (z. B. auf ökologische Bedenken) *implementieren* und dabei so eindringlich wie möglich vorgehen; die Herkunft aus dem Sexualjargon kann man interpretieren, wie man will.

Performance ...

gibt's in wunderschönen Komposita vom *Performance-Advertising* bis hin zu Ungetümen wie *Performanceoptimierungsprozess* oder *Strukturwandelperformance*: Hier geht's um diejenigen (Online-) Marketing-Instrumente, die gezielter und leistungsorientierter werben. Im Übrigen trägt jedes einzelne → *T-shaped Individuum* (= *Best-, High-, Low-, Mega-, Minder-, Under-, Key-, Top-* oder *Over-Performer*) zur *People Performance* bei, welche wiederum Voraussetzung für den → *Company Success* ist – eigentlich ganz einfach.

«Der Fokus unseres Wirkens liegt darauf, werbliche Botschaften effizient zu vermitteln und vertriebliche Performance-erfolge zu realisieren. Zentraler Ansatz ist die conversionorientierte Mediatechnologie mit automatisierten Optimierungs- und Targetingansätzen, um den komplexen Customeranforderungen auf dem schnelllebigen Online-Markt jederzeit gerecht zu werden.»

www.performance-advertising.de

Bsp.: *Zur neuen Strategie gehört ab jetzt auch die Verschiebung von Werbebudgets in Richtung Search und Performance Advertising.*
Bedeutet: *Wir haben zuletzt unsere primären Zielgruppen aus den Augen verloren.*

Personal-

Ausgangspunkt schönster Komposita, z. B. *Personaldecke* (= Mitarbeiterstamm), *Personalkarussell* (= Fluktuation), *Personalkostenexplosion* (= gestiegene Gehälter), *Personalentwicklung* (= Weiterbildungsmaßnahmen), → *Personalabbau* und → *Personalstandsbereinigungsmaßnahme.*

Personalabbau/-rückbau → *Headcount Reducing*

Personality-Tuning

mantrahafte Zauberformel moderner Unternehmenskultur. *On brand* zu quatschen will gelernt sein, dafür gibt es deshalb – kein Witz! – *Kommunikationsoptimierungs-Workshops* sowie *Sprachrefreshing-Seminare* bei *Com-Coaches*, das Ganze wird als «Persönlichkeitstraining» oder «NLP-Workshop» nicht unter 3000 Euro Tagessatz vertickt.

Personalstandsbereinigungsmaßahme

vier fix zusammengemixte Substantive als Beschönigungschiffre für «Massenentlassung», die aber inzwischen von allen durchschaut ist; stattdessen redet man besser von konsequentem → *Lean-Management,* das hat zumindest einen positiveren Beigeschmack, denn wer ist schon gern dick?

Pflöcke/Pflock einschlagen

von mittelneuhochdeutsch «plugg» bzw. plüg» (= Revier markieren, sich behaupten); später eine Schweizer Redewendung (die Appenzeller Bergbauern grenzten so Wiesengrundstücke voneinander ab); in der IT kennt man die Plug-in-Lösung (= Softwareerweiterung). Klassische Profilierungsfloskel sogenannter → Kompetenzteams.

Bsp.: *Damit wäre aus unserer Sicht ein Pflock eingeschlagen.*

Bedeutet: *Wird sich zeigen, ob wir wirklich Nägel mit Köpfen gemacht haben – Zweifel sind erlaubt.*

Philosophie

Leitbild, Unternehmens-, Geschäfts- bzw. Mitarbeiterkultur; ein etablierter Allgemeinplatz hochrangiger Führungskräfte, um den eigenen intellektuellen Standpunkt zu demonstrieren; neuerdings gerne auch euphemistisch verwendet in *Lean Philosophie* = «schlanke Philosophie» = «Unternehmensverschlankung».

Pionierarbeit/Pioniergeist

Vulgärlatein «pedone» = Fußgänger (von «pes» = Fuß), altfranzösisch «peon/pion» = Bauer im Schach, heute «piéton, pionnier» = Fußgänger, Fußsoldat; Pioniere gehen als Wegbereiter da hin, wo es richtig weh tut, und *schlagen* → *Pflöcke ein*; in diversen inhaltsleeren Zusammensetzungen ist der *Pionier* eine ideale Hinhaltefloskel für so manchen Phrasenclown.

Bsp.: *Wir müssen den Pioniergeist wiederentdecken, der uns immer ausgezeichnet hat.*

Bedeutet: *Einige haben bei uns zu sehr abgehoben und leben in ihrem Wolkenkuckucksheim, deswegen läuft der Laden nicht mehr.*

plausibilisieren

gestelzter Latinismus, der den elitären Standpunkt dessen markieren soll, der ihn benutzt; «plausibel machen» kann ja schließlich jeder sagen.

Bsp.: *Wir sind dabei, unser Prozessprozedere nachhaltiger zu plausibilisieren.*

Bedeutet: *Unsere Idee wurde abgelehnt, weil keiner unseren Plan verstanden hat. Das darf nicht nochmal passieren!*

Policy

Unternehmenspolitik, Firmenphilosophie; eng verwoben mit der *Corporate Identity*. Aufgabe der → *U-Com* ist es, die *Policy* so scharf wie möglich zu → *languagen*, um größtmögliches *Commitment* zu generieren.

Potenzialträger

zweischneidiges Lob; noch weit entfernt vom «Leistungsträger» und vom «Kompetenzträger», aber das Management hat Hoffnung, dass das noch was werden könnte.

Bsp.: *In meinen Augen ist Frau Schneider ganz klar eine Potenzialträgerin.*

Bedeutet: *Wir werden Frau Schneider jetzt mal ordentlich pampern, aber dann muss sie auch delivern.*

Power Napping

Kraftnickerchen, Energieschlaf (= längstens 20 Minuten), guter alter Mittagsschlaf. Die US-amerikanische Luft- und Raumfahrtbehörde NASA will empirisch belegt haben, dass nach einem Nickerchen die Aufmerksamkeit um 100 Prozent steigt; jedenfalls wird die Serotoninkonzentration im Blut erhöht, was die Stimmung hebt. Der «Harvard Business Manager» empfiehlt: «Kopf einfach auf die Tischplatte oder PC-Tastatur legen und wegdösen!» Tipp: Tastatur vorher ausschalten!

preworken

Kürzlich hat ein englischer Comedian einmal gefragt, ob es im Englischen irgendein Wort gebe, «that cannot be verbed?» Die Deutschen sind auch hier gelehrige Schüler und haben aus *Prework* flink *preworken* (= vorarbeiten, in Vorleistung gehen) gemacht. Wer anderen die Schuld geben will, stellt einfach den Elefanten *Prework* ins Großraumbüro.

Bsp.: *Hier wurde nicht gut genug preworked.*
Bedeutet: *Muss ich mich denn um alles selbst kümmern?*

Pricing

klingt (zugegebenermaßen!) um einiges eleganter als «Preisniveau» oder «Bepreisung» oder gar «Preisschraube» – why not?

Bsp.: *Wir sollten darüber nachdenken, unser Pricing anzupassen.*
Bedeutet: *Wir erhöhen einfach mal die Preise und schauen, was passiert.*

Prosa

1. Text, der etwas gerade heraus sagt (von lateinisch «prorsa oratio»); 2. Substanz. In der Literaturwissenschaft gattungstheoretische Bezeichnung für die «ungebundene, nicht durch formale Mittel (Metrum, Reim) ‹gebundene›, regulierte Schreib- und Redeweise», im Unterschied z.B. zur Verserzählung oder zum Versdrama («Metzler Literatur Lexikon»).

Bsp.: *Da muss deutlich mehr Prosa rein!*

Bedeutet: *So, und jetzt reden wir mal Klartext – Ihre Präsentation vorhin hatte null Substanz!*

Push and Pull

zwei gegensätzliche Strategien, um Produkte oder Ideen an den Mann bzw. die Frau zu bringen: *Push* meint die bewusste Bedürfnisweckung beim Konsumenten, die *Pull*-Strategie bezeichnet das Andocken an eine bereits bestehende Nachfrage. Bevor Sie die Phrase ins Spiel bringen, lohnt sich ein klärender Blick auf die Firmenhomepage oder eine Rücksprache mit dem Marketing …

Q

quick and dirty/Quick-and-dirty-Lösung

wörtlich «schnell und dreckig»; agiles Multiprojektmanagement lebt davon, dass halbfertige (oder fehlerhafte) Produkte – sogenannte *Bugs* – ausgeliefert werden. Auch Verhandlungen laufen oft exakt so ... Wie das klappt, erklärt Kickbox-Weltmeister und «Ghost Negotiator» Adel Abdel-Latif in seinem gleichnamigen Bestseller: *«Zuerst realisieren, was am schnellsten messbare Resultate hervorbringt. Diese tragen dann dazu bei, (allgemeine) Akzeptanz zu kreieren, auf der sich gewagte Neuerungen aufbauen lassen, die eigentlich noch nicht marktreif sind.»*

Quick Win(s) → *low hanging fruits*

Phrasenalarm!

Erst feedbacken, dann invoicen.

Die neuen Mobile Aids sind ein echter
Thumbstopper.

Da reichen drei Slides quick and dirty.

Tom Hillenbrand, Wirtschaftsjournalist,
auf seinem Blog «Beratersprech»

R

Reflash

«Wiederaufflamm-Aktivierungstemperatur»; eigentlich Modebegriff aus der digitalen Heiztechnik; im Arbeitsleben geht es – schlicht und einfach – um das Wiederauffrischen bestehender Geschäftskontakte, aber das klingt natürlich nicht annähernd so bahnbrechend.

refreshen/Refreshing/Refreshment

englisch «to refresh» = erneuern, erfrischen; denglisches Wichtigsprech mit hohem Klingelfaktor ... Wer so kommuniziert, ist jedenfalls bis in die Haarspitzen motiviert.
Bsp.: *Wir sind am Refreshing unserer Kommunikationsperformance dran.*
Bedeutet: *Wir wollen den Kunden gezielter zutexten.*

Requirements

von englisch «to require» = benötigen; jobbedingte Anforderungen an den karrierebewussten Mitarbeiter, sprich: das → *T-shaped Individuum.*
Bsp.: *Wir kommen nicht umhin, Requirements für das nächste Quartal festzuzurren.*
Bedeutet: *Unsere bisherigen Anforderungen an die*

Der Software-Experte Erich Freitag schreibt auf pqrst.at: *«Ein Requirement im Sinne der Business Analyse ist nahezu alles, was Vergangenheit, Gegenwart oder Zukunft von Organisationsthemen betrifft: von Strukturen über Rollen und Prozesse bis hin zu jeglicher Art von Regeln und Vorgaben.»* Wären Sie darauf gekommen?

Belegschaft waren ein Witz. Ab sofort werden einige öfter im Büro übernachten müssen, und selbst dann werden sie ihr Pensum nicht schaffen können.

Resilienz

Widerstandsfähigkeit, psychische Abhärtung (von lateinisch «resilire» = zurückspringen, abprallen); von der Ökologie (wo es die Fähigkeit meint, zum Ausgangszustand zurückzukehren) zum Allheil-Mantra gegen drohenden Massen-Burnout (japanisch «Karoshi») aufgestiegen. Wer trotzdem zusammenklappt, ist selber schuld – und nicht etwa der zu hohe Arbeitsanfall! Shit happens. Doch Resilienz aufbauen ist eigentlich erste Karrieristenpflicht.
Bsp.: *Vielleicht könnten Sie ja mal ein wenig an Ihrer Resilienz schrauben.*
Bedeutet: *Jetzt sind Sie schon zum zweiten Mal wegen einer leichten Erkältung zu Hause geblieben!*

Rightsizing/rightsizen

Restrukturierung oder Rationalisierung mit dem Ziel, Kosten zu reduzieren bzw. Effizienz und Effektivität zu verbessern; bemäntelnde Worthülse für → *Downsizing*, also die «Verbrauchsreduzierung». Umgesetzt werden kann es laut Boston Consulting beispielsweise durch – völlig ernst gemeint! – → *«robuste Maßnahmen».* Gut, dass man's gesagt bekommt.

Risikoappetit

wurde kürzlich in den DUDEN aufgenommen; bekannter ist die «Risikobereitschaft», die aber natürlich weitaus weniger *proaktiv* ist; der *Risikoappetit* passt dagegen vortrefflich zum *hungrigen*, erfolgsgeilen Jungmanager.

Roadmap

Imponierjargon: Ablaufplan für ein Projekt (wörtlich «Straßenkarte»). Dafür sind geeignete *Tools an den Start zu bringen* und *on the way* zu *enhancen*. Wichtig dabei: Ganz zu Anfang erstmal checken, ob alles überhaupt Sinn macht!

robuste Maßnahmen

von lateinisch «robustus» = kräftig; das Lateinische (in diesem Fall Julius Cäsars Lieblingsfloskel aus «De bello gallico») muss als euphemistische Umschreibung für Gehaltskürzungen und/oder Massenentlassungen herhalten.
Bsp.: *Ohne robuste Maßnahmen steht der Standort auf dem Spiel.*
Bedeutet: *Stellt euch darauf ein, dass hier eine ganze Menge Jobs ersatzlos wegfallen werden.*

rocken

etwas großartig hinbekommen; auf englisch «rock» (= Felsen) zurückgehend, der beeindruckend beiseitegeschafft wird. So ziemlich alles kann *gerockt* werden: *der Laden, das Kickoff, die Keynote, das Projekt, der Prozess* usw. Alltagstaugliches Cool-Denglisch für Chauvi-Alleskönner (Rocky alias Sylvester Stallone lässt grüßen!), fast nur von Männern gegenüber Männern über Männer verwendet.

«Searched: ein automotivierter Top-Performer, der straight stimmige Tools an den Start bringt und nachhaltig rockt.»
Aus einer Stellenanzeige auf www.monster.de

Bsp.: *Während der Abwesenheit des Chefs rockt unser Herr Brömmel den Laden.*
Bedeutet: *Der Brömmel hat zwar keine Ahnung, aber kann die Kunden am besten hinhalten, damit wir die nächsten*

Tage irgendwie ohne Konkurs überstehen, bis der Boss vielleicht aus dem Knast zurück ist.

Rollout

englisch «roll out» = (her)ausrollen; businesssprachlich: Auslieferung, (Markt-)Einführung; über den Technikbereich (im Flugzeug- und Schiffbau bezeichnet «roll out» das erstmalige Herausrollen eines Flugzeugs bzw. Schiffes) bedeutungsverändert ins Business übergesprungen; Unklarheit herrscht momentan noch über das Geschlecht: Sowohl *der* Rollout als auch *das* Rollout finden Verwendung.

roundabout

ungefähr, grobe Schätzung, erste «Hausnummer»; strittig ist, ob es sich von «round about» (= «in etwa») oder vom klassischen «Kreisverkehr» (um … herum) herleitet – für Cheffes, die damit glänzen wollen, sollte gerade das jedoch zweitrangig sein.
Bsp.: *Nennen Sie doch mal eine Hausnummer, so roundabout.*
Bedeutet: *Was wird das Produkt in etwa kosten?*

Running-Lösung/Running Deal

Auf Los geht's los! Entscheidend ist, ein Geschäft extrem zügig (= *zeitnah*) abzuwickeln. Im → *Quick-and-dirty*-Zeitalter gibt's als Entscheidungs- oder Motivationszuckerl ein *Goodie* oben drauf …

S

safe

sicher, etwas, das man im Kasten hat; der an das «Geheimfach» erinnernde Anglizismus demonstriert in Bürofluren und -küchen tief verwurzelte Geldschrank-Ede-Coolness.
Bsp.: *Sobald das Go da ist, machen wir alles safe.*
Bedeutet: *Wann dürfen wir endlich ran?*

Selbstentwickler

hochmotiviertes *Toptalent*, das sich im *agilen* Unternehmenskontext über den *Fast Learner* bis zum → *T-shaped Inividuum* fortentwickelt und dabei *vollumfängliche Resilienz* an den Tag legt. *Luft nach oben* ist natürlich immer …

Sitzungsmarathon → *Marathon*

skalieren

etwas in seiner Größe anpassen, passend machen; expandieren oder (seltener) schrumpfen; von der «Skala» abgeleitet, welche wiederum entweder auf die griechische Stadt Skala auf Patmos oder aber auf lateinisch «scala» (= Treppe) zurückgeht – suchen Sie sich eins aus!
Bsp: *Dieses Start-up kann nicht skalieren.*
Bedeutet: *Mehr Umsatz ist da nicht zu holen.*

Skill-Level

wörtlich «Fähigkeitsniveau»; die *Employee*-Belastbarkeit wird auf dem Spielfeld von New Biz in *Skill-Levels* einge-

Ausschnitt aus «Radio PSR Sinnlos-Telefon: Junk and Trash Cutter»

Assistentin: «Hallo, schönen guten Tag. Hier Werbeagentur xy *(nennt Namen)*. Mit wem spreche ich?»

Anrufer: «Hier ist Sydney Cardin, guten Tag. Könnten Sie mir bitte Ihren Second oder First Chief Trash Cutter geben!»

Assistentin *(zögert kurz)*: «Äh, ja, gerne.» *(Sie verbindet weiter.)* «Hören Sie, da geht gerade keiner ran.»

Anrufer: «No problem. Geben Sie mir doch einfach den Heavy Overdoze Speed Administrator.»

Assistentin: «Wen bitte? Vielleicht nochmal ein bisschen langsamer, bitte!»

Anrufer: «Von mir aus auch gern den Chief of Permanent Lightening and Strike Detonator.»

Assistentin: «Wer soll das denn sein? Wir sind hier die Werbeagentur xy *(nennt Namen)*. Sind Sie sicher, dass Sie hier richtig sind?»

Anrufer: «Haben Sie denn keinen Head over Heels Communication Determinator?»

Assistentin: «Doch. Nur ich weiß jetzt leider nicht, was das sein soll. Können Sie das mal auf Deutsch sagen?»

Anrufer: «Arbeitet denn der Herr Ackermann nicht mehr bei Ihnen? Der war doch immer Support of Product and Senior Stylistic Supervisor. Dann rede ich mit dem weiter.»

Assistentin: «Sowas gibt es bei uns auch nicht.»

Anrufer: «Sind Sie da sicher? Das muss doch der Herr Ackermann sein. Oder ist der inzwischen schon Head of Permanent Outgoing and Incomes? Das kann natürlich sein, dass der aufgestiegen ist.»

Assistentin: «Sorry, dass ich da nicht auf der Höhe bin.»

Anrufer: «Kann ja passieren. Wenn der nicht greifbar ist, dann nehm ich auch den Heavy Overnight Blue Coordinator ... und wenn alle Stränge reißen, dann geben Sie mir einfach die Poststelle.»

teilt, vom *Low-* bis zum *Top-Skill*. Der Google Translator übersetzt den Begriff folgerichtig mit «Spielstärke» …
Bsp.: *Sie müssten Ihren Skill-Level nachhaltig enhancen!*
Bedeutet: *Wenn Sie nicht schnell und dauerhaft besser werden, feuern wir Sie!*

smooth
glatt, reibungslos. Der Fantasie sind bei der Verwendung kaum Grenzen gesetzt: *smooth (daily) business operation, smooth project running, smooth business transition, smooth business sailing, smooth workflow* – irgendwas passt immer, und *sexy* klingt es auf jeden Fall, was will man(n) mehr?

Sprachoptimierung/Sprachrefreshing
sprachliches (Fein-)Tuning, *on brand* labern lernen, z. B.: Wie gebe ich adäquat Feedback? Wie verpacke ich Unangenehmes annehmbar? Was gilt in der *Company* als politically correct? Um diesen Feinschliff geht es u. a. in sündteuren NLP-Seminaren («Pacing», «Framing» usw.) sowie Personalentwicklungs-Workshops. Der Begriff kennt diverse Synonyme, woraus die hohe Relevanz ablesbar ist – im Prinzip läuft karrieremäßig nix ohne.

Sprinterprämie
Wenn man Sie loswerden will, Sie aber Anspruch auf eine Abfindung haben, handeln Sie unbedingt eine *sportliche Sprinterprämie* als Teil eines *fetten Pakets* aus, mit der Sie sich freiwillig früher als nötig vom Acker machen; Metapher mit schier unwiderstehlichem Hang zur Dynamik.
Bsp.: *Wir können gern auch über eine Sprinterprämie reden.*
Bedeutet: *Wenn Sie noch was drauflegen, sehen Sie mich nie wieder und ich verzichte auf die Klage beim Arbeitsgericht.*

Spuren hinterlassen

als Understatement: einen bleibenden Eindruck hinterlassen. Wie wär's mit einem McKinsey-Outdoor-Workshop mit dem Titel «Spuren hinterlassen» (Kosten für drei Tage: 2345 Euro)? Besonders Anglophile hinterlassen lieber einen → *Footprint*, was im Endeffekt keinen Unterschied macht; beliebte Übertreibervokabel im höheren Management.

Storytelling

wörtlich «Geschichten erzählen»; angesagtes *Coachingtool*, das – ursprünglich basierend auf der Tradition methodistischer Bibelkreise und professioneller Märchenerzähler – mit Symbolen und Bildern dezidiert Zielgruppen anspricht; in Unternehmen strategisch eingesetzt, um die → *Policy* zu transportieren (oder brachliegende Ressourcen zu aktivieren), aber auch um Konflikte «unter die Haut gehend» erfahrbar zu machen und letztendlich *abzumoderieren* (= *Learning-Histories-Ansatz*, ähnlich der «qualitativen Heuristik»).

straight

geradeaus, ohne umständliche Schnörkel; der entkrampfte Anglizismus steht für Druck und Drive bei gleichzeitig mäßiger Qualität, aber auch für kraftvolle Entschlossenheit.
Bsp.: *Wir setzen die Dinge straight um.*
Bedeutet: *Wir müssen dauernd nacharbeiten, weil wir unfertige Produkte rausbringen.*

strategisch

von griechisch «strategos» = Feldherr, Kommandant; *strategische Allianz*: eine mittelfristige, formale Beziehung zweier oder mehrerer Geschäftspartner (oder auch Kolle-

gen) zu dem Zweck, gemeinsame Ziele zu erreichen; *strategische Meisterleistung:* Schulterklopf-und-Selbstbetüddelungs-Floskel.

Bsp.: *Wir haben mit einer strategischen Meisterleistung die schwierige Situation bewältigt.*

Bedeutung: *Meine Assistentin hat mich ein paarmal am Golfplatz angefunkt, und ich habe Anweisungen gegeben, die die Unterlinge dann umgesetzt haben.*

strukturell

suggeriert, dass es nur um ein Ordnungsmuster geht, aber oft genug geht's in Wahrheit an die Substanz.
Bsp.: *Wir erwägen strukturelle Anpassungen zur Effizienzsteigerung.*
Bedeutet: *Dringende Frage an alle: Wo können wir noch Leute entlassen? (Die restliche Belegschaft arbeitet dann ab sofort für drei!)*

Superspreader

Als gut vernetzte Arbeitsbiene verbreiten Sie die neue Idee des Chefs voller Begeisterung überall in der Firma? Dann sind Sie dessen *Superspreader* – dieser zweifelhafte Ehrentitel geht auf den Neologismus zurück, der zu Beginn der Corona-Pandemie aufkam und mit dem jemand bezeichnet wird, der eine ungewöhnlich hohe Anzahl von Mitmenschen infiziert.

Sustainability/sustainable

Wer sich von all den Langweilern absetzen will, die von *nachhaltig* und *Nachhaltigkeit* daherreden, nimmt einfach die englischen Wörter – alter Trick, funktioniert immer!

syncen

1. miteinander kurzschließen; 2. netzwerken. Ökonomische Eindampfung des guten alten «synchronisieren», welches seinerzeit über Prozesstechnik und Filmbranche ins Business vordrang und die klassischen Seilschaften ersetzte: Als *agiler Employee* bzw. *Achiever synct* man sich ... und fällt karrieremäßig zielsicher nach oben.

T

targeten/Targeting (→ *focusen*)

englisch «to target» = auf jemanden oder etwas zielen; businesssprachlich: (zielgruppengemäß) ansprechen, oft online (Suchmaschinenoptimierung!). Vom Bogenschießen in den Beratersprech herübertransferiert; speziell im Marketing hippes Klingelwort, das den sattsam bekannten Götzen «Kundenfokussierung» zum Mauerblümchen degradiert hat.
Bsp.: *Mit diesem Tool können Sie Ihre User nach Alter und Geschlecht targeten.*

Terminologie-Management

Das Ziel ist das gleiche wie bei der → *Sprachoptimierung*, aber die Mittel sind weniger sichtbar.
Bsp.: *Wir stehen vollumfänglich für eine Optimierung unseres Terminologie-Managements.*
Bedeutet: *Wir müssen unser Sprach-Brainwash-Programm unbedingt unauffälliger gestalten – die Leute checken das sonst und machen Terror!*

Themen .../... thema

in verschiedenen Zusammensetzungen und wilden semantischen Kontexten: *Fokusthema, Kompetenzthema, Führungsthema, Urlaubsthema, Zukunftsthema, Klimathema, Themenkomplex, Themenerfassung, Themenbearbeitung;* dankbare Multifunktionsfloskel, schon bei den alten Griechen en vogue – *Thema* klingt aufbauender als «Problem» und macht auch mehr her, nur erwarten Sie bitte nicht, dass hinterher alles paletti ist!

Bsp.: *Da haben wir jetzt echt ein Thema.*
Bedeutet: *Jetzt ziehen Sie sich mal warm an, ich verpass
Ihnen gleich einen Einlauf.*

Thinktank

englisch «Denkfabrik»; seit einiger Zeit auch im unterneh-
merischen Kontext verwendet; Problemlöser, Personen, die
durch ihre exponierte Stellung Einfluss auf die Meinungs-
bildung in einem Unternehmen nehmen; böse Zungen sprechen von kreativen Gehirnwäschern im Sinne der Unter-
nehmens-*Policy*.

Thought-Leader

Vordenker (wörtlich: «Gedankenführer»), Vorreiter; in
Abgrenzung zum → *Thinktank* eine Art (visionärer) Mei-
nungs*führer*, aber kein (Brainwash-)Meinungs*macher*,
wenngleich die Grenzen faktisch freilich fließend sind.

townhallen

Die *Employees* sollen erfahren, dass ein neuer CEO *am
Start ist* oder ein → *Downsizing* ins Haus steht? Anstatt einer unproduktiven (und obendrein schwierig zu organisie-
renden) Belegschaftsversammlung tut's auch eine schwam-
mige Massen-E-Mail (= *townhallen*) – Hauptsache, alle sind
gesynct und können nicht direkt rückfragen. Das Verb ist
abgeleitet vom angloamerikanischen Ratsbeschluss-Ver-
künder auf dem Marktplatz.

T-shaped Individuum

salbungsvolle (ursprünglich im Silicon Valley geprägte) Bezeichnung für den idealen *Employee* in der → *VUCA-Welt*;
die horizontale und die vertikale Linie des T symbolisieren

zwei Kompetenzen: die horizontale das Generalisten-, die vertikale das Fachexpertenwissen (Verschmelzungseffekt!). Auf gut Deutsch könnte man auch von der Eier legenden Wollmilchsau reden. Jedenfalls ist die Gefahr groß, dass das zurechtgetrimmte Individuum sich irgendwo im T verheddert. Auf der anderen Seite sind aus solchem Holz *Toptalente* – auch für *Thinktanks* – geschnitzt.

Transformer

besonders karrierebewusster (sprich: gut lenkbarer) Typ, der jeden *Changeprozess* – meist in Richtung Produktivitätssteigerung durch unbezahlte Überstunden und weniger Mitarbeiterrechte – mit «Hurra» mitträgt, häufig im Kontext von *Verschlankungsmaßnahmen*.

Triple-win

Dale Carnegies *Win-win* war gestern (inzwischen umgangssprachlich voll adaptiert!), heute lebe der Dreifachsieger-Deal, der *Triple-win*. Ein Beispiel? American Express wirbt Kunden, Payback bekommt die Kundendaten, und der Kunde … richtig: der bekommt Payback-Punkte, so easy – and everyone's happy. Wichtig: Payback-Punkte rechtzeitig einlösen, denn nach sechs Monaten verfallen sie!

U

überkapazitäre Mitarbeiter
lateinisch «capacitas» = geistiges Fassungsvermögen, Tiefe eines Gefäßes; businesssprachlich: überflüssiges Humankapital, dessen In- bzw. Output zu gering ist und das deshalb unweigerlich der nächsten → *Personalstandsbereinigung* zum Opfer fallen muss.

U-Com/U-Kom
sprich: «Ju-Komm»; Abkürzung für «Unternehmenskommunikation» (als Abteilung); hier wird mit dem hehren Ziel eines geglückten Außenauftritts *gelanguaged*, was die Spatzen längst von den Firmenfassaden pfeifen.

Unternehmenskultur (→ *Philosophie*)
hat meist wenig mit Leonardo da Vinci, Beethoven oder Virginia Woolf zu tun, dafür aber umso mehr mit dem vor sich her getragenen Anspruch.

Uplift (im Pricing)
wörtlich «Aufstieg»; wer *kommunizieren* soll, dass sich ein Produkt oder eine Dienstleistung drastisch verteuert, spricht besser von einem *Uplift im Pricing* – das ist doch erhebend! Einen «Downlift» gibt es übrigens nicht, klingt ja auch schon total doof …
Bsp.: *Ich schlage vor, wir machen an dieser Stelle mal einen Freeze, bevor wir später mit einem Uplift im Pricing nochmal reingehen.*

V

Visibility

Visibility ist alles – sehen und gesehen werden, speziell auf *Kickoffs* und *Get-Togethers*; sollte für jedes *Toptalent* äußerste *Prio* haben, sonst kann man/frau die Karriere knicken. Laut Bestseller-Autorin Caroline Criado-Perez («Unsichtbare Frauen», 2020) ist das weibliche Geschlecht in Firmen generell zu wenig visibel – und wenn, dann oft nur als aufgebrezelte Vorstandsassistentinnen.

VUCA(-Arbeitswelt)

Akronym für die Rahmenbedingungen einer schnelllebigen, sich ständig verändernden Arbeitswelt: *Volatility* (= Flüchtigkeit), *Uncertainty* (= Unsicherheit), *Complexity* (= Komplexität), *Ambiguity* (= Mehrdeutigkeit). Anders als mit einem solchen Kunstwort kann man diese Welt vielleicht auch nicht aushalten.

W

Wachstumsdelle

(deutlicher) Gewinnrückgang; metaphorisch gewitzter Rückgriff auf das Automobil: Bevor es eine *Delle* gibt, wurde etwas gegen die Wand gefahren – ach, eins noch: Der Chef kann nichts dafür!

Will-have → *Must-have*

wirken

bezeichnet deutlich mehr als die bloße Anwesenheit am Arbeitsplatz, nämlich eine Form der Selbsthingabe bzw. Überidentifikation im Sinne der *Corporate Identity;* Überheblichkeitsfloskel mit gewissem Hang zum Größenwahn.

Wording

oft verstärkt mit *sexy* im Sinne von trendig, modern, hip; warum man ausgerechnet für die «Ausdrucksweise», die «Formulierung» eine neue Formulierung brauchte, fragt man sich.

Aber Sprache ist heute halt – fast – alles, wie das schöne Weihnachtslied (s. Kasten) zeigt.

1. O Telekom, o Telekom,
du treibst die schönsten Blüten.
Vom Denglish bis zum Kauderwelsch
gedeiht und sprießt die Floskelwelt.
2. O Telekom, o Telekom,
«Ich bin da ganz bei Ihnen!»
Performance, Briefing, Outsourcing,
begeistern, Challenge, Mentoring.
3. O Telekom, o Telekom,
du hast ein sexy Wording.
Doch spätestens im neuen Jahr,
kommuniziern wir einfach «Ja!»
O Telekom, o Telekom,
du treibst die schönsten Blüten.
Aus «you and me», Mitarbeiterzeitschrift der Deutschen Telekom AG

Wrap-up/-Meeting

«wrap up» = wörtlich einpacken, einmümmeln; im Buzz-jargon Bedeutungserweiterung bzw. -veränderung in Richtung Abschlusskonferenz, Schlussstrich, mit Schulterklopfen und Festlegen neuer *Milestones* ... und somit glatter Gegenpart zum *Kickoff(-Meeting)*; jungdynamischer Imponier-Anglizismus für angehende *Deep-Diver* in den Consulting-Untiefen.

Z

Zeit ...

in verschiedensten Komposita: *Zeitfenster, Zeitrahmen, Zeitraster, Zeitpolster, Zeithorizont, Zeitdruck, Zeitmanagement, Zeitkontingent, zeitnah* – alle verweisen sie auf eine vorgegebene *Deadline*, bis zu der bestimmte Ziele zu erfüllen sind. Klar, «time is money», doch wieso kommt die Zeitbedrängnis eigentlich durchs Fenster und nicht durch die Tür?

«Wenn wir die Deadline nicht halten können, springe ich am Ende des Tages aus diesem verdammten Zeitfenster.» Selbst gestaltetes Spruchplakat bei einem Münchener DAX-Konzern

Top 15 der Wichtigtuerphrasen

Da auch ich mich im Floskeldschungel immer wieder verlaufe, will ich in den folgenden Tabellen die «Top»-Phrasen noch einmal zusammenfassen, geordnet nach inhaltlichen Gesichtspunkten. Einige Floskeln aus meinem ersten Büro-Wörterbuch habe ich daruntergemischt.

	Floskel-Sprech	Echt-Sprache
1	Welche Teile Ihrer Vita möchten Sie bei meiner Vorstellung *gehighlighted* haben?	Was soll ich besser gleich weglassen?
2	Wir setzen die Dinge *straight* um.	*Wir müssen dauernd nacharbeiten, weil wir unfertige Produkte rausbringen.*
3	Wir sind dabei, unser *Prozessprozedere* nachhaltiger zu *plausibilisieren*.	Unsere Idee wurde abgelehnt, weil keiner unseren Plan verstanden hat. Das darf nicht nochmal passieren!
4	Sobald das *Go* da ist, machen wir alles *safe*.	Wann dürfen wir endlich ran?
5	Wir sind hier alles *Fast Learner*.	Jetzt stellen Sie sich nicht so dämlich an!
6	Das schicke ich Ihnen auf *Need-to-know-Basis*.	Wenn Sie es nicht aufnehmen, selbst schuld – ich hab's Ihnen jedenfalls gesagt und mich abgesichert.
7	Gibt es hierzu eine *long term strategy*?	Denken wir hier zur Abwechslung mal nicht nur von heute auf morgen?

8	*Agil* heißt nicht *ad hoc*.	Erwarten Sie bloß keine schnelle Entscheidung, da muss ich erst nochmal gründlich in mich gehen.
9	Wir generieren *Lead um Lead*.	Wir sind dabei, Kunden aufzureißen, aber es gestaltet sich schwieriger als erwartet.
10	Wir fahren eine *nachhaltige* Kommunikationsstrategie.	Wir brauchen noch viel mehr Gehirnwäsche für die Employees und «die Menschen da draußen».
11	Die Sprachperformance unserer Company muss *on brand refresht* werden!	Da wir schon sonst nichts auf die Reihe kriegen, lasst uns wenigstens sexy daherlabern. Wenn wir großes Glück haben, merken es nur wenige und wir können weitermachen wie bisher.
12	Wir haben mit einer *strategischen Meisterleistung* die schwierige Situation bewältigt.	Meine Assistentin hat mich ein paarmal am Golfplatz angefunkt, und ich habe Anweisungen gegeben, die die Unterlinge dann umgesetzt haben.
13	In unserer Company heißt die Devise *up or out*.	Entweder du hängst dich rein, schläfst dich hoch, oder du fliegst schneller raus, als du gucken kannst.
14	Während der Abwesenheit des Chefs *rockt* unser Herr Brömmel den Laden.	Der Brömmel hat zwar keine Ahnung, aber kann die Kunden am besten hinhalten, damit wir die nächsten Tage irgendwie ohne Konkurs überstehen, bis der Boss vielleicht aus dem Knast zurück ist.
15	Die *dotted Line* zum CTO ist schwach.	Frage – kann man den CTO nicht rausschmeißen?

Top 15 der Hinhalte- und Durchhalteplattitüden

	Floskel-Sprech	Echt-Sprache
1	Wir sind *crossfunktional* im *Thema* drin.	Bei diesem Problem geben Krethi und Plethi ihren Senf dazu und alle halten sich für megawichtig, aber am Ende wird alles zerredet.
2	Da müssen wir wohl noch-mal an den *Workflow* ran.	In der Abteilung weiß momentan keiner, was er zu tun hat.
3	a) Da muss mehr *Brain* rein. b) Da ist viel *Brain* einge-bunden.	a) Denken Sie gefälligst nach! b) Ein paar unserer besseren Leute schauen mal, was sie retten können.
4	Wir machen uns auf den *Weg*.	Jetzt bloß durchhalten, Leute!
5	Lassen Sie uns verstärkt Business Value *delivern*.	Wir müssen endlich besser werden.
6	Das *Kompetenzteam* kümmert sich.	Wir tappen hier völlig im Dunkeln, haben aber ein paar Leute dran-gesetzt, die wir woanders nicht brauchen können.
7	Unser Support arbeitet mit *Hochdruck* an einer Lösung.	Sehen wir uns das Problem halt mal an ... aber erwarten Sie bloß keine Lösung für die nächste Zeit!
8	Da muss express eine *Out-of-the-box-Lösung* her.	Wir probieren einfach mal irgendwas Unausgereiftes aus.

85

9	Wir müssen den *Pioniergeist* wiederentdecken, der uns immer ausgezeichnet hat.	Einige haben bei uns zu sehr abgehoben und leben in ihrem Wolkenkuckucksheim, deswegen läuft der Laden nicht mehr.
10	Eine *Leadership Infusion* könnte uns pushen.	Mit dem derzeitigen Chef ist alles total chaotisch.
11	Vielleicht sollten wir mal unser *Mindset* reflektieren!	Denken Sie mehr vom Firmenerfolg her, schalten Sie zwei Gänge hoch und sehen Sie nicht immer alles schwarz!
12	Hier tut ein *Reflash* unseres *Customer-Relationship*-Programms not.	Um Himmels willen – nicht, dass wir auch noch unsere letzten treuen Bestandskunden verlieren!
13	Bei der Besetzung der ausgeschriebenen Stelle ist alles noch *work in progress*.	Sobald wir Ihre Unterlagen finden, kümmern wir uns darum (... kann aber dauern).
14	Laut unserer *Erfahrungskurve* wird sich das Wachstum bald nachhaltig beschleunigen.	Mist, wir schreiben immer noch dramatische Verluste und können nur hoffen, dass sich das demnächst ändert.
15	Ich gebe Ihnen mal ein *kritisch-konstruktives* Feedback.	Setzen Sie sich besser hin, denn was ich Ihnen gleich sagen werde, hat es in sich – und rechtfertigen Sie sich bloß nicht!

Top 15 der Antreiber- und Manipulationsfloskeln

	Floskel-Sprech	Echt-Sprache
1	Wie *languagen* wir das Ding?	Wie lässt sich die Panne am besten verschleiern?
2	Vielleicht könnten Sie ja mal ein wenig an Ihrer *Resilienz* schrauben.	Jetzt sind Sie schon zum zweiten Mal wegen einer leichten Erkältung zu Hause geblieben!
3	Wir werden den Umbau unserer Corporate Identity *proaktiv* anschieben und künftig öfter die *Extrameile* gehen müssen.	Zuerst werdet ihr jetzt alle gründlich gehirngewaschen, und ab sofort müssen wir bis zum Umfallen Tag und Nacht arbeiten – natürlich alle außer mir.
4	Ein höheres *Activity-Level* täte Ihrer Abteilung gut!	Haben Sie jetzt endlich mal Ihren Pseudo-Burnout auskuriert und greifen wieder an?
5	Da muss deutlich mehr *Prosa* rein!	So, und jetzt reden wir mal Klartext – Ihre Präsentation vorhin hatte null Substanz!
6	Dazu werden wir ein *Arbeitspaket* schnüren.	Machen Sie sich mal auf unbezahlte Überstunden am Wochenende gefasst!
7	Wir müssen alle an unsere *Leistungsreserven* ran.	Quälen Sie sich gefälligst, Sie Blindgänger!
8	Hier sollten einige mal ihre *Komfortzone* verlassen.	Hier ist ab sofort Schluss mit lustig.

9	Flankierende Maßnahmen sind *Mentoring*, Führungs- und Experten-Trainings, ein 360°-*Feedback* mit anschließendem Coaching-Prozess sowie ein Career-Workshop.	Sie bekommen von uns Gehirnwäsche pur, verlassen Sie sich drauf!
10	Wir haben hier ein *Kommunikationsthema* – wir müssen die Menschen besser ansprechen.	Höchste Zeit, dass wir die letzte Stufe zünden und unsere Brainwash-Strategie noch dezidierter verfeinern. Einige von den Volltrotteln da draußen checken so langsam, dass wir hier nichts tun außer heiße Luft sabbeln.
11	Jedem von uns steht es frei, mit *Extrameilen* das Prozessprozedere zu *supporten*!	Ab sofort will ich Überstunden sehen, ist das klar?
12	Wir kommen nicht umhin, *Requirements* für das nächste Quartal festzuzurren.	Unsere bisherigen Anforderungen an die Belegschaft waren ein Witz. Ab sofort werden einige öfter im Büro übernachten müssen, und selbst dann werden sie ihr Pensum nicht schaffen können.
13	Kann man da *kreativ* nichts machen?	Wir müssen dringend irgendwas – zur Not auch was Illegales – tricksen, um nach außen hin gut dazustehen.
14	Was Ihre Konzepte angeht, sehen wir noch einen gewissen *Optimierungsbedarf*.	Ihre Vorschläge waren völlig unbrauchbar.
15	Sie müssten Ihren *Skill-Level* nachhaltig enhancen!	Wenn Sie nicht schnell und dauerhaft besser werden, feuern wir Sie!

Top 15 der Weichspül-Euphemismen

	Floskel-Sprech	Echt-Sprache
1	Wir erwägen *strukturelle Anpassungen* zur Effizienzsteigerung.	Dringende Frage an alle: Wo können wir noch Leute entlassen? (Die restliche Belegschaft arbeitet dann ab sofort für drei!)
2	Unser *Freelance-Managing* müsste gelegentlich mal auf den Prüfstand.	Jemand muss sich dringend mehr um die Freien kümmern, sonst wandern die letzten auch noch ab.
3	Wären Sie auch an einem *temporären* Arbeitsverhältnis mit Vergütungsaussetzung interessiert?	Wir bieten Ihnen ein unbezahltes Praktikum an.
4	Die Präsentation ist so *mittelprächtig* angekommen.	Das Ding war stinklangweilig, und wir können froh sein, dass nicht noch mehr Leute den Raum verlassen haben.
5	Wir setzen hier auf *visionäre* Denker.	... alles Wichtigtuer mit Hirngespinsten!
6	Wir ziehen daraus unsere *Learnings*.	So dämlich werden wir uns hoffentlich nie wieder anstellen.
7	Heterogene *Teams* funktionieren besser als homogene.	Wenn man den alten fetten Chefs junge Assistentinnen zur Seite stellt, haben sie mehr Lust, zur Arbeit zu kommen.

8	Sie profitieren derzeit von unserem *Freeze* im *Pricing*.	Würden wir die Preise noch weiter erhöhen, wären wir sowas von raus aus dem Markt.
9	Darauf hätte man schon im *Prework* Wert legen müssen.	Da ist von Anfang an etwas schiefgelaufen.
10	Seine Ausführungen wirkten ein wenig *sinnreduziert*.	So einen Quatsch habe ich schon lange nicht mehr gehört.
11	Wir stehen vollumfänglich für eine Optimierung unseres *Terminologie-Managements*.	Wir müssen unser Sprach-Brainwash-Programm unbedingt unauffälliger gestalten – die Leute checken das sonst und machen Terror!
12	Wir betreiben ein hochengagiertes *Outplacement-Management*, um unserer sozialen Verantwortung gerecht zu werden.	Damit uns die Medien nach der Massenentlassung nicht total in der Luft zerreißen, haben wir einen menschlichen Mülleimer engagiert, der sich für kleines Geld vollheulen lässt.
13	Wir sollten uns vielleicht mal langsam über die *Nachfolgeplanung* für Herrn Schaluppke Gedanken machen.	Der Schaluppke muss so schnell wie möglich hier raus, bevor er noch mehr Schaden anrichtet.
14	a) Wir sind voll auf *go green* und werden schon bald im schwarzen Bereich aufschlagen. b) Dem *Go-it-alone* fehlte eine flankierende Strategie.	a) Hilfe, wir machen immer noch Riesenverluste – wenigstens haben wir den freien Fall fürs Erste aufhalten können! b) Konnte ICH ja nicht ahnen, dass ich mit meiner Kamikaze-Aktion so auflaufe.

| 15 | Eine ausgewogene Alters-struktur und ein gut funktionierender *Know-how-Transfer* zeichnen uns aus. | Wir haben zu viele zu alte Mitarbeiter, die wir möglichst bald loswerden sollten – aber erst, nachdem sie die jungen angelernt haben. |

II. *Keine Aktien drin!*
Alltagstaugliche Businessfloskeln von A bis Z

Sprache als dynamisches, lebendiges Gebilde unterliegt seit jeher Einflüssen und passt sich ständig an. Schon im 12. Jahrhundert entwickelte sich die «Lingua franca» als Handelssprache unter Seefahrern und Kaufleuten aus romanischen und arabischen Sprachelementen. Sie legte sich über Sprechgewohnheiten bzw. löste diese sogar ab – die wenigsten unserer Vorfahren dürften darüber begeistert gewesen sein. Zur Zeit der Kolonialisierung kamen dann in Afrika, Asien und Amerika sogenannte Pidgin-Sprachen auf; diese mischten Wörter und Sprachgebräuche der indigenen Bevölkerungen in die Kommunikation der Kolonialmächte – und umgekehrt.

Hat all das «unserer» Sprache langfristig geschadet? Wohl

Träwelling

2016 gelobte die Deutsche Bahn, unnötige Anglizismen zu vermeiden, und brachte in ihrer Personalzeitschrift sogar ein ausführliches Glossar mit 2200 Begriffen samt deutschen Entsprechungen heraus – auf dass die Mitarbeiter «ihren alltäglichen Sprachgebrauch kritisch unter die Lupe nehmen können, um eine inflationäre Verwendung englischer und scheinenglischer Begriffe zu bremsen».

Das Resultat *am Ende des Tages*: ganz neuartige Begriffe wie *Call a Bike, Salzburg Card, Counter-Hotlines* sowie die Wiedereinführung des (bereits 2010 abgeschafften) Slogan-Klassikers *Thank you for travelling with Deutsche Bahn!* («Senk ju vor träwelling») ...

93

kaum, eher das Gegenteil war der Fall. Wie sonst hätten wir uns als Land der Dichter und Denker entwickeln können? Kaum eine andere Weltsprache weist so viele semantische Feinheiten und Differenzierungsmöglichkeiten auf wie das Deutsche, wofür man uns oft beneidet.

In den letzten Jahrzehnten hat die Vielfalt im Deutschen stark zugenommen. Analog zu diversen Gesellschaftsbereichen haben sich x Sonderjargons etabliert. Am bekanntesten (und besten erforscht) sind die Jugendsprache sowie diverse Kiez-Slangs seit den 1990er Jahren. Viele der einst jugend- bzw. szenetypischen Schock-Begriffe bereichern längst unseren Alltag, und nicht nur deswegen, weil «die Kids» von damals erwachsen geworden sind. *Endgeil, abtörnen, relaxt, abgedreht, hip, Luftnummer, Nullchecker, trendy* sind «normal» geworden, ja, sie haben es in den DUDEN geschafft. Gewalttätige und (allzu) abwertende Begriffe sind indes weitgehend auf der Strecke geblieben.

Ähnliches werden wir mit dem Businessjargon erleben, der sich ja ebenfalls als Sondersprache klassifizieren lässt.

«Lock dich down!» Corona und die Sprache

Wie alle gesellschaftlichen Umbrüche sprachliche Spuren hinterlassen, so sind auch seit Beginn der Corona-Pandemie zahlreiche neue Begriffe aufgekommen. Denken Sie nur an *Social Distancing, Physical Distancing, Lockdown, Remote Work, zoomen, Hoffice* (verkürzt für «Homeoffice»), *Exitdebatte, -rufe, -plan, -szenario, -diskussions-orgie, Premiumkontakte, Superspreader, Coronaparty, Spuckschutzscheibe* usw. Daneben haben bereits zuvor gebräuchliche Begriffe eine völlig neue Relevanz erhalten: *systemrelevant, Geisterspiele, Shutdown, Cocooning, Kernfamilie, Hausstand* usw. Welche davon wieder verschwinden und welche unsere Alltagssprache auf Dauer prägen werden, wird die Zeit zeigen.

Genau genommen sind wir längst mittendrin im Adaptionsprozess: Immer mehr genuin bürosprachliche Begriffe sind umgangssprachlich übernommen und weitgehend alltäglich geworden. In diesem Zusammenhang relevant: Jede/r von uns bestimmt den Sprachwandel ein ganz kleines Stück weit mit.

In der folgenden alphabetischen Auflistung habe ich einige amüsante, ursprünglich business- bzw. bürosprachliche Begriffe zusammengestellt, die inzwischen in der Umgangssprache angekommen sind.

A

abmoderieren

eine Situation beruhigen, deeskalieren; Neologismus mit
Kosmetikeffekt in Anlehnung an «anmoderieren».
Bsp.: *Versuchen Sie mal, das möglichst sanft abzumoderieren.*
Bedeutet: *Sehen Sie zu, dass die überhitzten Gemüter sich
abkühlen.*

Admin

von lateinisch «administrare» = verwalten; oft abwertend
für «alltäglichen Bürokram», der eigentlich unter der Würde
des Sprechers ist. Klingt kompetent und gewichtig, und da
wir uns in Zeiten von Expedia und Online-Banking ja alle
selbst verwalten, ist es auch im Alltag unverzichtbar geworden.
Bsp.: *Am Samstag muss ich dringend Admin machen.*

Aktien drin haben

Wer keine Aktien hält, sieht dem Börsencrash → *tiefenentspannt* entgegen. Gleiches gilt bei Ausrastern von Chefs
oder Familienmitgliedern, wenn man sich selber aus dem
gescheiterten Projekt oder der geplatzten Unternehmung
wohlweislich herausgehalten hat.
Bsp.: *Da hab ich keine Aktien drin.*
Bedeutet: *Das ist mir sowas von piepegal.*

an den Start bringen

starten, die Umsetzung beginnen; gern gewählte Aktivitäts-
phrase ursprünglich von *prodynamischen Businesshengsten*

bzw. *-stuten*, neuerdings auch bei Handwerkern und sonstigen Dienstleistern gebräuchlich – aber besser nicht darauf verlassen, dass was *zeitnah* fertig wird!

Bsp.: *Wir wollen das Projekt noch im Dezember an den Start bringen.*

Bedeutet: *Wenn wir das jetzt nicht noch im alten Jahr hinkriegen, ist die Sache eh tot.*

Angriffsfläche bieten

aus der Physik bzw. Mechanik in die Bürowelt hinüber-
und von da in den Alltag hineingeschwappt, wo Blößen –
und sei es nur der Wunsch nach Harmonie – schon mal zum
Nachteil ausgelegt werden.

Bsp.: *Wir wollen dem Vorstand keine Angriffsfläche bieten.*
Bedeutet: *Wenn wir die da oben reizen, zerlegen die uns
noch in alle Einzelteile.*

auf Augenhöhe

In kaum einem Lebensbereich sind offene Hierarchien noch
so richtig angesagt. Das Mantra von der *Augenhöhe* oder
besser noch: der *gleichen Augenhöhe* ist deshalb längst z. B.
auch in der klassischen Konfliktberatung angekommen.

Bsp.: *Sprechen Sie mit Ihren Patienten auf gleicher Augenhöhe!*
Bedeutet: *Nehmen Sie die Patienten ernst, es geht schließlich
um ihr Leben!*

B

Baustelle
Shit happens! Wer mal einen Bock geschossen hat, kann sich perfekt auf die neue «Fehlerkultur» in der *VUCA-Arbeitswelt* rausreden. Falls aber das Silicon-Valley-Mantra «Fail fast, fail cheap» bei Cheffe noch nicht angekommen ist, hilft zur Not vielleicht: «Das war nicht meine Baustelle», «Das ist eine ganz andere Baustelle» oder auch «Da haben wir noch eine kleine Baustelle.» Funktioniert auch erstaunlich gut im Alltag.

Befindlichkeit(en)
Seelenzustand; gibt es längst nicht mehr nur in Großraumbüros, sondern genauso gut im Frisörsalon oder im Freundeskreis.
Bsp.: *Auf Julias Befindlichkeiten kann ich gerade wirklich keine Rücksicht nehmen.*
Bedeutet: *Julias Gefühle und frühkindliche Verletzungen hin oder her, sie sollte sich besser mal einen Therapeuten nehmen.*

Begehrlichkeit(en)
Sehnsucht, Verlangen; über Theologie, Soziologie und Ökonomie auch im Alltag angekommen, z. B. bei Nachbarschaftsstreitigkeiten.
Bsp.: *Bloß keine Begehrlichkeiten wecken!*
Bedeutet: *Wir sollten unbedingt verhindern, dass die Maiers auf die Idee kommen, Forderungen zu stellen.*

bilateral

zweiseitig; früher nur zwischen Staaten («bilaterale Verträge»); heute trendige Ansage in Meetings oder Familienkonferenzen, um den Fortgang nicht unnötig aufzuhalten; intellektuell anmutendes Wortgeklingel.

Bsp.: *Wir sollten das besser nachher bilateral klären.*

Bedeutet: *Ich will Sie/dich hier nicht vor allen zusammenscheißen!*

Biss

Durchsetzungsvermögen, Durchhaltekraft; natürlich abgeleitet von der bissigen Kreatur, denn im Haifischbecken des Modern Biz bzw. der sozialen Medien kommt es darauf an, schneller zuzubeißen (und nicht mehr loszulassen); über den Sportlerjargon allgemein adaptiert.

Bsp.: *Sie brauchen mehr Biss!*

Bedeutet: *Immer rein, wo's weh tut, und – ganz wichtig – Gewissen ausschalten!*

Bodenhaftung

Wer sie hat, bleibt auf dem Boden der Tatsachen. Vom Autoreifen abgeleitet, der bei Aquaplaning die Straßenhaftung ähnlich schnell verliert wie manches erfolgsverwöhnte *Toptalent* nach anfänglichem Lob.

Bsp.: *Wir setzen hier voll auf Bodenhaftung.*

Bedeutet: *Zuletzt haben hier einige ganz schön abgehoben, damit ist jetzt Schluss.*

C

charmante Lösung

charmant = eigentlich «durch Liebenswürdigkeit gefallend»); vom «Charmeur» der alten Schule zur (businesssprachlichen) «charmanten Lösung» war es ein weiter Weg, aber das stört den eleganten Euphemismus selbst nicht die Bohne – wozu auch?

Bsp.: *Wir sind bemüht, eine charmante Lösung zu finden.*
Bedeutet: *... vielleicht ein Gutschein oder so.*

D

Dank ... (ans gesamte Team, für Ihre Mail)

geschliffen-nonchalante Hülse, auch im Privatraum vermehrt bauchpinselnd eingesetzt, nicht zuletzt um eigenes Fehlverhalten elegant zu kaschieren.

Bsp.: *Ein ganz großes Dankeschön allen! Nachhaltigen Dank an das gesamte Team!*

Bedeutet: *Heute muss ich mich mal bedanken, dass Sie mir den Kopf gerettet haben. (Und demnächst noch ein bisschen mehr Einsatz, bitteschön!)*

Dialog

bei Sokrates: Rede und Gegenrede; im 21. Jahrhundert verschleiernd: *einen ergebnisoffenen Dialog führen* = dem anderen das Gefühl geben, als wäre noch alles offen; *den ehrlichen Dialog suchen* = jemandem seine Meinung aufdrücken; und *in den (kritisch-konstruktiven) Dialog gehen/ (ein)treten* = sich einschleimen.

Duftmarke

in den Wendungen *eine Duftmarke setzen* bzw. *hinterlassen*; Markierungspflock («Hallo, ich bin auch noch da!» oder: «Ich war da!»); abgeleitet vom Hundeverhalten: Zwar pinkelt keiner in Büroflure oder Schlafzimmer, aber Duftmarken gibt es dort jede Menge – notfalls mithilfe von aufdringlichen Parfüms.

Bsp.: *Wir brauchen deutlichere Duftmarken.*

Bedeutet: *Wir müssen uns besser verkaufen, unser Revier klarer markieren und vor allem frecher werden.*

durchschlagend

tiefgreifend, kräftig; «durchschlagen» laut Grimmschem Wörterbuch («duruhslahan») ursprünglich in der Bedeutung «verschlagen», später dann im Sinne von «kämpfen»; im Businesstalk bedeutsame Stresserfloskel mit – auch umgangssprachlicher – Bedeutungsveränderung in Anlehnung an das Darwinsche Prinzip «survival of the fittest».

durchstarten

loslegen … und die Sache ohne Wenn und Aber durchziehen; ursprünglich ein Notmanöver in der Luftfahrt, bei dem ein Landeanflug abgebrochen (!) wird; inzwischen startet fast jeder voll durch, was sonst? Unbedingt merken!
Bsp.: *Nächste Woche starte ich im Training richtig durch.*
Bedeutet: *Nächste Woche fange ich mal langsam an, wieder ein bisschen Sport zu machen – die Neujahrsvorsätze liegen schließlich schon wieder vier Wochen zurück.*

Dynamik/dynamisch

von griechisch «dynamis» = Kraft, «Power»; von der *(pro) dynamischen* Topmanagerin bis hin zum provisionsabhängigen Küchenmöbelverkäufer inzwischen in aller Munde.
Bsp.: *Wir müssen mehr Dynamik generieren.*
Bedeutet: *Lasst euch gefälligst was einfallen, wie ihr mehr Schwung in die Sache bringen könnt.*

E

effizient/Effizienzsteigerung/Effizienzpotenzial

lateinisch «efficiens» = bewirkend, wirksam. Seit Erfindung der Dampflokomotive 1804 durch Richard Trevithick ist «efficiency» in der Techniksprache gebräuchlich; der Latinismus sollte mal den intellektuellen Standpunkt des Sprechers zur Schau stellen, ist aber längst zum alltagstauglichen Sprachblümchen geworden.

Bsp.: *Findest du es so effizient, dreimal in der Woche zum Supermarkt zu fahren?*

Bedeutet: *Wenn du dich besser organisieren würdest, müsstest du nicht ständig über das bisschen Haushalt jammern.*

ehrlicherweise

Warum sollte ausgerechnet nach dieser Floskel jemand die Wahrheit sagen? («Wer einmal lügt …») Gerade dadurch, dass die Aufrichtigkeit extra akzentuiert wird, ist sie doch eigentlich schon wieder suspekt. Der Sprecher sägt somit am eigenen Ast – jedenfalls beim erfahrenen Zuhörer, der nicht jeden Winkelzug mit «Jippie» beantwortet.

Bsp.: *Ehrlicherweise muss ich sagen, dass …*

Bedeutet: *Diesmal sage ich ausnahmsweise mal die Wahrheit (oder nicht).*

(am) Ende des Tages

letztlich, letzten Endes, unterm Strich, am Schluss eines Prozesses; längst umgangssprachlich angekommene Aufblähfloskel mit Nähe zum Füllwort, mit der sich Argumente des anderen trefflich abwürgen lassen.

Den (inoffiziellen) Preis «Goldenes Ehrenlenkrad» sicherte sich 2016 die Pressesprecherin eines Autokonzerns. Einen Bericht der «Süddeutschen Zeitung», demzufolge sich der Vorstandsvorsitzende des besagten Konzerns einmal völlig verfloskelte und gezählte 16 Mal «am Ende des Tages» sagte, kommentierte sie per Leserbrief: *«Uns ist es ein großes Anliegen, nichtssagende Anglizismen und Management-Termini im Außenauftritt zu vermeiden. Hier sind wir durchaus Verbündete im Geiste. Deshalb trifft es auch nicht zu, dass unser Vorstandsvorsitzender mehrmals die von Ihnen zitierte Floskel ‹am Ende des Tages› benutzt hat. Diese hat er weder in seinen Manuskripten auf den Hauptversammlungen von 2007 bis 2015 verwendet noch bei anderen Auftritten. Herr xxx wurde übrigens mehrfach als bester Redner im DAX in Bezug auf Klarheit und Verständlichkeit ausgezeichnet. So weit unsere gänzlich unaufgeregte Klarstellung zu Ihrem Bericht, der nicht wirklich Sinn macht.»* Die SZ blieb bei ihrer Darstellung, dass 16 Mal «am Ende des Tages» gezählt wurde.

Bsp.: *Am Ende des Tages dienen wir der Allgemeinheit, indem wir Arbeitsplätze schaffen.*
Bedeutet: *Der kleine Steuerzahler soll gefälligst unsere Spekulationsverluste ausgleichen.*

Erfolgskurve

Jeder, der was auf sich hält, schwärmt von seiner *Erfolgskurve*: in Chefbüros, an der Börse, in der (Früh-)pädagogik, sogar in Liebesbeziehungen und Familienkonferenzen.
Bsp.: *Meine Erfolgskurve zeigt stetig nach oben.*
Bedeutet: *Irgendwann muss(te) es ja mal besser werden.*

ergebnisoffen

aus dem Diplomaten- und Politikerjargon herübertransferierte Zeitgewinnfloskel, wenn man beim Gegenüber andocken will (um ihn nicht zu brüskieren), obgleich bereits alles feststeht.

Bsp.: *Lass uns das völlig ergebnisoffen diskutieren.*
Bedeutet: *Meine Meinung dazu steht längst fest – aber wenn du unbedingt reden willst, meinetwegen.*

erstaunt

euphemistisch für: verärgert, befremdet – ähnlich wie *irritiert* und *verwundert*; subkutan mega-aggressiv.

Bsp.: *Ich bin etwas erstaunt, dass du dich seit zwei Monaten nicht mehr gemeldet hast.*
Bedeutet: *Du bist echt ein komplettes A …*

F

fieberhaft

eilig und angestrengt; «Fieber» impliziert höchste Dring-
lichkeitsstufe, bei genauerem Hinsehen ist es aber eine Luftnummer (etwas erhöhte Temperatur hat noch keinen umge-
bracht). Auch Eltern stricken mittlerweile *fieberhaft* (und
mit heißer Nadel) am Terminplan des Nachwuchses.
Bsp.: *Unser Support arbeitet fieberhaft dran.*
Bedeutet: *Sehen wir uns das Problem halt mal an …*

fine/fein

englisch «gut, in Ordnung, prima»; wer sagt, dass er mit
etwas *fine* ist, erteilt das → *Go* für ein *Prozessprozedere*;
gelegentlich auch eingedeutscht (*Das ist für mich fein*); inzwischen auch in Supermärkten, Kneipen und Modebou-
tiquen angekommen.

flächendeckend

1. ausnahmslos; 2. komplett, vollständig; 3. großflächig.
Kommt ursprünglich aus dem Militär- bzw. Polizeijargon
(«ein Gebiet flächendeckend durchkämmen»).
Bsp.: *Wir werden unsere komplette Produktpalette flächen-
deckend überarbeiten.*
Bedeutet: *Hier bleibt kein Stein auf dem anderen.*

fundamentale Herausforderung(→ *Herausforderung*)
lateinisch «fundamentum» = Grund, Unterbau, Grundsatz; hyperbolisch für: wichtige Aufgabe, Planung (gebräuchlich ist auch die *fundamentale Transformation*); passt überall und nirgends – *der* Wichtigtuer-Klassiker schlechthin für Politik, Beruf und Privat.
Bsp.: *Wir stehen hier vor fundamentalen Herausforderungen!*
Bedeutet: *Da könnte ein bisschen was auf uns zukommen ... an wen könnte man das am besten delegieren?*

g

generieren
lateinisch «generare» = etwas erzeugen, anfertigen, (aus dem
Nichts) hervorzaubern; subtiler Latinismus mit Hoch-
glanzpotenzial – sogar Chefarzt-Gattinnen *generieren* bei
Kaffeekränzchen am laufenden Meter Hochglanz-Care-
Projekte.

Get-together

Heutzutage plant man unter alten Freunden kein Treffen mehr, sondern organisiert ein *Get-together*. Na schön ...

gut

Allwetter-Euphemismus, jederzeit in jedem Zusammenhang verwendbar: *Wir sind gut aufgestellt* (= wir liegen im unteren Mittelfeld), *ein guter Tag für ...* (= wir konnten das Schlimmste noch abwenden, aber freuen Sie sich nicht zu früh!), *wir befinden uns auf einem guten Weg* (= schlimmer konnte es nicht mehr kommen), *wir haben gut abgeschnitten* (= unsere Zahlen könnten bedeutend besser sein).

H

Haken dran

ursprünglich Handwerker- bzw. Pädagogenslang (einen Haken in die Wand treiben bzw. richtige Antworten abhaken), metaphorisch-cool ins Geschäftsleben überführt, von dort weiter in die Alltagssprache – doch Achtung: Jeder Haken kann sich lockern …

Bsp.: *Haken dran.*

Bedeutet: *Passt (halbwegs) … lassen wir's so stehen!*

händeln

semantisch unklare Mischform von «handhaben» und «handeln»; bereits im 14. Jahrhundert als mittelhochdeutsch «haldeln» belegt («doch haldilte er su iemerlichen mit worten und mit slegen»), später wurde das l durch n ersetzt, und die Hansestädte hatten ihre Vokabel; im weiteren Verlauf vom angloamerikanischen Raum aufgesogen und zuletzt wieder zwittermäßig zurückgedeutscht.

Bsp.: *Ich kann das durchaus händeln.*

Bedeutet: *Ich hab Mist gebaut, ich weiß nicht, was ich tun soll, aber ich werde alles in meiner Macht Stehende tun, um die Sache wieder gradezubiegen.*

Herausforderung

Begriff mit unzähligen Konnotationen, abhängig davon, wer vor der *Herausforderung* steht und ob diese «neu», «groß» oder «schwer» ist.

Bsp. 1: *Dieses Jahr steht unser Unternehmen vor großen Herausforderungen.*

Bedeutet: *Das wird hart, aber zum Glück bin ich ja da.*
Bsp. 2: *Ich will mich künftig neuen Herausforderungen widmen.*
Bedeutet: *Ich brauche dringend einen neuen Job.*

I

im Flow

wörtlich «im Fluss», gefordert, aber nicht überfordert; businesssprachliche Bedeutungserweiterung in Richtung «(voll) beschäftigt»; dabei ausgeleierte Bekräftigung der eigenen Bedeutsamkeit, die in ihrem Arbeitsfluss keinesfalls gestört oder unterbrochen werden darf; auch vielbeschäftigte Family-Manager/innen haben ihren Spaß daran …
Bsp.: *Ich bin gerade voll im Flow.*
Bedeutet: *Lassen Sie mich mit Ihrem Mist in Ruhe.*

im Grunde

längst alltagssprachliche Verlegenheits- bzw. Wichtigtuerfloskel, mit der angedeutet werden soll, wie tief man in seinem Innersten geforscht hat.
Bsp.: *Im Grunde genommen geht es uns nicht schlecht.*
Bedeutet: *Wir verdienen uns dumm und dusselig.*

in aller Ruhe

meint eigentlich das genaue Gegenteil: ziemlich aufgeregt; gern als Pleonasmus: *in aller Ruhe und völlig unaufgeregt.*
Bsp.: *Betrachten wir das mal in aller Ruhe.*
Bedeutet: *Im Grunde ist hier ziemlich die Sch… am Dampfen.*

in trockenen Tüchern (→ *trockene Tinte*)

fertig, beschlossen, erfolgreich abgeschlossen, in Sicherheit gebracht (z. B. ein Projekt, ein Vertrag). Der «Deutschlandfunk» erklärt die steigende Beliebtheit dieser Phrase in den letzten Jahren allen Ernstes mit dem steigenden Anteil von Frauen in Politik und Wirtschaft, denn diese hätten in der Regel immer noch die Aufgabe, Kinder trockenzulegen ...

ins Risiko gehen

ganz nach dem Beratermotto «no risk, no fun»; die Steigerung von *ins Risiko gehen* heißt vermutlich «ins Verderben rennen», doch im Projektumfeld will ja niemand den Teufel an die Wand malen.

K

Kernkompetenz

Sie können irgendwas besonders gut oder machen etwas besonders gern? Super! Sorgen Sie nur stets dafür, dass es alle merken, und definieren Sie es als *Ihre Kernkompetenz*, sei es im Büro, in der Autowerkstatt oder in der Family. Man wird zu Ihnen aufsehen!

kriegsentscheidend

besonders wichtig, *erfolgskritisch*. Die Wichtigtuerfloskel militärischen Ursprungs wird inzwischen nicht nur im Büro-Haifischbecken, sondern auch im Privatleben häufig bemüht; damit lässt sich strategische Weitsicht demonstrieren oder auch eine mühsame Diskussion mit dem Chef oder dem anstrengenden Ehepartner → *abmoderieren*. Manchmal fragt sich jedoch, von welchem Krieg hier eigentlich die Rede ist …
Bsp.: *Ob wir unsere Paartherapie bei einer Frau oder einem Mann machen, ist letztlich auch nicht kriegsentscheidend.*
Bedeutet: *Lass mich am besten mit dem ganzen Psychokram in Ruhe!*

Kursschwenk

Die *Green-deal*-Klimapolitik des Unternehmens ist festgefahren, der Kunde verärgert, der Lobbyist auf dem Absprung – da hilft ein *nachhaltiger Kursschwenk* in Sachen Außenauftritt, die → *U-Com* wird's richten … Wenn alles nichts bringt, den *Kursschwenk* notfalls auf das Produktportfolio ausdehnen!

L

Läuft!

Gern verwendete Universalmetapher als Antwort auf die Frage nach dem Fortschreiten eines Terminprojekts oder ganz allgemein auf die Frage: «Wie geht's?» Der Frager will (unabhängig vom Wahrheitsgehalt) genau *diese* Floskel-replik (= Weiterentwicklung von «Danke, gut!») hören, daher uriger Running Gag hipper Business-Punks, chaotischer Kreativer (ständig im Zeitrückstand!) und nicht zuletzt angenervter Helikopter-Muttis im Resilienzstau.
Bsp.: *Läuft!*
Bedeutet: *Selber schuld, wenn Sie das glauben!*

lösungsorientiert/lösungsaffin

Lösungen *generierend*, ohne nach Ursachen zu fahnden; der lösungsorientierte Ansatz («*Ressourcen* stärken, nicht Probleme *focusen*») geht auf den amerikanischen Psychologen Steve de Shazer zurück, der seine Erfahrungen mit Jugendlichen in sozialpädagogischen Einrichtungen einst ins Business übertrug; von dort verbreitete sich die Vokabel in fast alle Fach- und Sondersprachen, einschließlich der Umgangssprache.
Bsp: *Wir sollten mit der Situation jetzt lösungsaffin umgehen.*
Bedeutet: *Gerade fliegt uns all der Mist um die Ohren, den wir die letzten Jahre verzapft haben, aber davon müssen wir unbedingt ablenken.*

M

Maßnahmen

als *Maßnahmenkatalog, -bündel, -paket, -stärkung, -opti-mierung*: mehrere (sich ergänzende) Aktionen gleichzeitig; kommt eigentlich aus der Schneidersprache («für einen Anzug Maß nehmen»), von dort über Pädagogik («Erziehungsmaßnahmen») und Justiz («Vollzugsmaßnahmen») bis zu

den Endstationen Business- und Alltagsslang gelangt. Weitere Varianten: *Verschlankungsmaßnahmen, Outsourcing-Maßnahmen, Synergiemaßnahmen, Offboarding-Maßnahmen …*

Bsp.: *Wir legen in Kürze ein Maßnahmenbündel vor!*

Bedeutet: *Jetzt müssen wir uns mal was überlegen – eilt aber nicht.*

meinungsstark

laut(stark); unverzichtbares Phrasenadjektiv für rechthaberische Kollegen, aber auch für Kindergartenmamas und -papas, die zu allem und jedem ihren Senf dazugeben und sich als → *Thought-Leader* gut vernehmbar verkaufen …

Monitoring

Kontrolle, Beobachtung eines Vorgangs; dabei ist die wiederholte Durchführung ein zentrales Element, um anhand von Vergleichen Schlussfolgerungen ziehen zu können. Ziel ist festzustellen, ob ein Vorgang den gewünschten Verlauf nimmt – ansonsten muss das → *Kompetenzteam* ran.

N

No-Go

Im Büro- und Alltagsdeutsch bezeichnet der Pseudo-Anglizismus ein Tabu, ein Quasi-Verbot, einen Fauxpas und ist meistens *absolut*.

Bsp.: *Cappuccino nach dem Mittagessen ist ein absolutes No-Go!*

Bedeutet: *Ich gehöre nicht zu den Dumm-Deutschen, die nichts von italienischer Lebensart verstehen.*

O

Option

business- wie umgangssprachlich: (Wunsch-)Möglichkeit; das Nonplusultra für Fremdwörterfetischisten.

Bsp.: *Ja, Kuba ist auf jeden Fall auch eine Option.*

Bedeutet: *Ich will das jetzt nicht ausdiskutieren, aber nächste Woche suche ich so viele Ferienwohnungen in der Bretagne raus, bis du Ja sagst.*

P

pampern

von englisch «to pamper» = verwöhnen, verhätscheln, «ein-lullen» (in Anlehnung an die gleichnamige Windelmarke); scheinbares Interesse vortäuschen, jemanden besonders gut behandeln. Sogar Mutti *pampert* inzwischen ihre Kosmetikerin mit → *Goodies*, damit sie schneller einen Schönheitstuning-Termin bekommt …

partizipieren lassen

an etwas Anteil gewähren, an etwas teilhaben lassen; so wie der (ahnungslose) Chef ständig seine Mitarbeiter um Rat fragt («*Wir lassen an der Konzepterstellung die gesamte Vertriebsmannschaft partizipieren*»), lassen (genervte) Eltern ihre Kiddies bei der Urlaubsplanung prophylaktisch mitentscheiden, sprich: *partizipieren*. Klingt nach Gleichberechtigung, ist es aber nicht.

Prio/priorisieren

Die schnittige Abkürzung für «Priorität» ist heute in aller Munde, auch in der bürosprachlichen Abstufung von *Prio 1* (= superextremwichtig) bis *Prio 3* (relevant, aber vorher kann man noch ein bisschen bei einem Kaffee chillen); suggeriert Durchblick sowohl bei der Chefin als auch bei gestressten Helikopter-Eltern.
Bsp.: *Sehen wir doch mal eben schnell die Prios für heute durch!*
Bedeutet: *Steht heute eigentlich irgendwas an?*

proaktiv

Neologismus aus lateinisch «pro» = vor, für und «activus» = tätig; im Voraus oder initiativ handelnd, Gegensatz zu «reaktiv». Die einigermaßen sinnlose Steigerung von «aktiv» ist als Bekräftigungsfloskel unerlässlich für *Up-or-out*-Karrieristen, aber auch generell für alle, die ihr Leben im Griff haben (wollen).

Bsp.: *Ich will mich künftig proaktiv um meine Gesundheit kümmern.*

Bedeutet: *Bislang hab ich meinen Allerwertesten einfach nicht hochgekriegt.*

pushy

Diese adjektivierte Ableitung von englisch «push» (= Druck, kräftiger Schlag) hört man inzwischen auch im Privatsprech. Nicht nur Chefinnen, sondern auch Ehefrauen sind heute nicht mehr dominant oder üben Druck aus, sondern werden lieber *pushy* genannt.

Q

Quantensprung

im Business und in der Alltagssprache ein bedeutsamer Entwicklungsfortschritt. Diese Verwendung widerspricht eigentlich der ursprünglichen physikalischen Bedeutung, wo der Begriff den «winzigen sprunghaften Übergang eines subatomaren Systems zwischen zwei Zuständen» (Axel Meyer) bezeichnet – dieser Übergang ist der winzigste überhaupt. Meist eine maßlose Übertreibung. Noch absurder sind die gern verwendeten Ergänzungen wie «enormer», «riesiger», «extremer» usw.

Bsp.: *Hiermit ist uns ein enormer Quantensprung in Sachen Umweltverträglichkeit gelungen.*

Bedeutet: *Damit verschmutzen wir die Umwelt etwas weniger als bisher.*

R

reden

eigentlich neutrales Verb aus dem völlig unverdächtigen
Wortfeld «sprechen», jedoch seit geraumer Zeit floskelhaft
missbraucht – längst auch bei Krethi und Plethi gang und
gäbe.
Bsp.: *Wir müssen reden.*
Bedeutet: *Mach dich auf ein Riesendonnerwetter gefasst …
und komm bloß nicht auf den Gedanken, dich zu verteidi-
gen.*
Beste Reaktion: Augen auf, Ohren zu … anschließend
«Danke» sagen.

Ressourcen

lateinisch «resurgere» = hervorquellen; längst nicht mehr
nur wirtschaftssprachlich verwendet – mittlerweile diffe-
renziert jeder Nullachtfuffzehn-Normalo zwischen kogni-
tiven («Verständnis»), humanen («Personaldecke»), materi-
ellen («Ersparnissen») und emotionalen Ressourcen.
Bsp.: *Meine Ressourcen sind allmählich erschöpft.*
Bedeutet: *Ihr mega-verwöhntes Kind ist einfach nicht er-
ziehbar.*

Rohrkrepierer

althochdeutsch «ror» = Flinte, lateinisch «crepare» = knat-
tern, krachen; beliebte Aggro-Metapher, die nicht nur für
das ursprüngliche Geschoss verwendet wird, das bereits im
Geschützlauf detoniert, sondern auch für jede Art von
«peinlichen» Misserfolgen.

Bsp.: *Die Umsetzung der neuen Richtlinie wird ein Rohr-krepierer.*
Bedeutet: *Eigentlich war die Idee als solche schon Wolken-kuckucksheim.*

Role Model

nicht einfach «nur» Vorbild, sondern *die* Leitfigur für eine bestimmte unternehmerische Aufgabe oder für soziales Verhalten; nach der amerikanischen Soziologenlegende Robert K. Merton ein Muster-Mitarbeiter für spezifische Rollen («Lernen am Modell» nach Badura). *Role Models* verkörpern klare Wertevorstellungen im Sinne des Unternehmens oder der Gesellschaft (in Firmen können sich diese bei der nächsten Kündigungswelle jedoch schlagartig ändern).

Ruhe → *in aller Ruhe*

S

Schwur

in der Phrase *Wenn es zum Schwur kommt ...*; Versprechen auf Gegenseitigkeit mit Beteuerungsformel, Ehrenwort; filmisch bzw. literarisch als Rache- oder Treueeid, im Buzz-jargon und alltagssprachlich ausschließlich in der zweiten Variante.

Bsp.: *Wenn es zum Schwur kommt, muss das Commitment stimmen.*

Bedeutet: *Wenn wir diesen Weg gemeinsam gehen, müssen wir uns aufeinander verlassen können.*

sinnfrei/sinnbefreit/sinnreduziert

sinnlos, nutzlos, vergeblich; wie sagte einst Papst Benedikt XVI.: «Sinn ist mehr als Zweck. Aber sinnfrei ist auf jeden Fall zweckfrei.» Meist zynischer verwendet als vom ehemaligen Heiligen Vater, besonders umgangssprachlich öfter auch «witzig» gemeint.

Bsp.: *Seine Ausführungen wirkten ein wenig sinnreduziert.*
Bedeutet: *So einen Quatsch habe ich schon lange nicht mehr gehört.*

state of the art

topmodern, auf dem allerneuesten Stand, auf hohem Entwicklungsstand; die früheste belegte Verwendung stammt aus dem Handbuch des englischen Erfinders Henry Harrison Suplees (1910): «In the present state of the art this is all that can be done»; inzwischen alltagstauglich adaptiert.

Stress-Test

Untersuchung, die mittels simulierter Parameter darüber Aufschluss geben soll, ob ein Unternehmen im Krisenfall stabil ist; aus der Humanmedizin (Fitness-Check) entlehnter Begriff, von der Gesellschaft für deutsche Sprache im Zusammenhang mit der Finanzkrise zum Wort des Jahres 2011 gekürt – seitdem an allen Ecken floskelhaft in Gebrauch.

Bsp.: *Insgesamt steht unser Institut laut Stress-Test solide da, wozu auch die staatlichen Maßnahmenpakete erheblich beigetragen haben.*

Bedeutet: *Der Steuerzahler hat uns gerettet, jetzt können wir ganz stressfrei weitermachen.*

$\mathcal{T}$

tiefenentspannt

Diese Gesichtswahrplattitüde mit hohem Überspielungs- bzw. Vortäuschungseffekt hört man nicht nur im Büro, sondern auch im Alltagstalk, wo sie die perfekte Vokabel für die perfekten Alleskönner und Multitasker ist.

Bsp.: *Ich bin heute total tiefenentspannt.*

Bedeutet: *Ich muss zwar gleich meinen Sohn vom Flötenunterricht und meine Tochter vom Karate abholen, dann beide ins Bett stecken und mich endlich an meine Präsentation für morgen setzen – aber klar, kommt doch gerne zum Abendessen vorbei.*

To-do-Liste

Dinge, die dringend zu erledigen waren, hatte zuerst die Vorstandsassistentin auf ihrer *To-do-Liste* – inzwischen kommt niemand mehr ohne selbige durch den Tag.

trockene Tinte ($\rightarrow$ *in trockenen Tüchern*)

(business)metaphorisch für «abgeschlossen»; oft in der Wendung *die Tinte war noch nicht ganz trocken* = einen Augenblick später – kaum ist die Sache eingetütet, wird die Diskussion wieder aufgemacht.

Bsp.: *Die Tinte muss erst trocken sein.*

Bedeutet: *Ich hab schon Pferde vor der Apotheke kotzen sehen.*

U

unaufgeregt → tiefenentspannt

updaten

aus dem Computerjargon (Update = Aktualisierung, Ver-
besserung einer Software) ins Bürodeutsch übernommen:
auf den neuesten Stand bringen; bei DUDEN-Mitherausge-
ber Gert Ueding «rollen sich bei diesem Pseudoanglizismus
die Zehennägel bis zum dicken Hals hoch» (O-Ton); denglische Wichtigtuerfloskel, die längst auch ihren Weg in alle
Gesellschaftsgruppen gefunden hat.

Bsp.: *Meinen Sie, Sie könnten mich mal eben updaten?*

Bedeutet: *Ist es denn wirklich zu viel verlangt, dass Sie mir
mal erklären, worum es hier eigentlich geht?*

V

verifizieren

von lateinisch «verum» (= wahr) und «facere» (= tun, herstellen); umgangs- und businesssprachlich: etwas als richtig bestätigen, überprüfen; elitäre Wichtigtuerfloskel.

Bsp.: *Die Richtigkeit Ihrer Aussage kann ich für uns so nicht verifizieren.*

Bedeutet: *Wir werden Sie fallen lassen.*

W

wasserdicht

in der Wendung *etwas wasserdicht machen*: etwas zum Abschluss bringen und kein Schlupfloch mehr lassen; geflügeltes Metapherblümchen (genuin aus der Klempnerfachsprache) mit Aufplusterungseffekt für Krethi und Plethi.

Weg

Die absolut alltagstaugliche Weg-Metapher ist so alt wie die Menschheit und spätestens seit Eichendorff ein Dauerbrenner; im Modern Business findet sie sich in jedem Kickoff und jeder Keynote – signalisiert wird: Wir machen nicht auf halbem Wege schlapp ...

Bsp.: *Vor uns liegt ein steiniger Weg/Wir haben Respekt vor diesem Weg/Dieser Weg wird nicht leicht/kein Spaziergang* (= Alles fast nicht zu schaffen), *Lassen Sie uns (mutig) neue Wege gehen* (= Alle bisherigen waren Sackgassen), *Wir sind auf einem sehr guten Weg* (= Schau'n mer mal), *Wir sind auf dem Weg* (= Bisher haben wir geschlafen), *Auf diesem Weg werden wir einiges zurücklassen (müssen)/Wir haben diesen Weg bewusst beschritten* (= Wir hatten keine andere Wahl, auch wenn es Kollateralschäden geben wird), *Wir können jetzt nicht auf halbem Weg stehen bleiben/Jeder neue Weg ist ein Wagnis/Wir werden diesen Weg (unbeirrbar) weitergehen/Wir haben schon ein ganzes Stück Weg zurückgelegt* (= Jetzt bloß durchhalten, Leute!), *Lassen Sie uns gemeinsam diesen Weg gehen/Auf diesem Weg kommen wir unserem Ziel ein Stück näher/Wir nehmen diesen Weg an* (= Leute, da kommt was auf euch zu!), *Wir sind von diesem Weg überzeugt* (= nicht wirklich), *Wir sind ein Stück weit vom Weg abgekommen/Wir wissen noch nicht, wohin dieser Weg uns führen wird, sind aber voller Optimismus* (= Wir sind komplett ratlos), *Ein Weg entsteht, wenn man ihn geht/Wer das Ziel nicht kennt, kann auch nicht den Weg finden* (= Wir haben keine Ahnung, was wir wollen) usw.

weitgehend einig

noch weit auseinander liegend; geschicktes *Wording* ist alles.

Bsp.: *Wir sind uns weitgehend einig.*
Bedeutet: *Da werden die Scheidungsanwälte noch viel zu tun haben.*

Z

zeitnah
eine der beliebtesten Zeitgeistfloskeln, wobei man nur Mitleid mit dem guten, alten ausrangierten «bald» haben kann.
Bsp.: *Ich rufe Sie auf jeden Fall zeitnah zurück.*
Bedeutet: *Ich melde mich, wenn's bei mir gerade reinpasst.*

zielführend/zielgerichtet
meist in der Wendung *zielführende Schritte unternehmen* = auf ein bestimmtes Ziel hin *focusen*. Wie sagte schon Aristoteles: «Der Geist braucht ein Ziel.» Daran hat sich bis heute nichts geändert, höchstens an den Zielen.

zum Jagen tragen
Wer – ganz entgegen dem üblichen Anspruch – nur *mittelprächtig performt* oder aber nicht *automotiviert* genug unterwegs ist, muss eben notfalls *zum Jagen getragen werden,* sprich, mit Zuckerbrot und Peitsche zu einem Mindestmaß an Arbeit gezwungen werden, damit er den Abteilungsschnitt nicht kaputt macht.

zuvorderst
ganz vorne, zuerst, in erster Linie; aufblähende Floskel, oft mit Nähe zum Füllwort; ursprünglich bei Wichtig-wichtig-Managern, inzwischen in fast jedem Einkaufszentrum im Einsatz.
Bsp.: *Zuvorderst liegen im Kühlregal die Waren, deren Verfallsdatum als nächstes abläuft.*

Top 15 der umgangssprachlich adaptierten Phrasen

Auch hier habe ich ein paar Floskeln aus meinem ersten Büro-Wörterbuch aufgenommen, die entweder schon immer auch im Alltag beheimatet waren oder inzwischen den Weg dorthin gefunden haben.

	Floskel-Sprech	Echt-Sprache
1	a) *Im Prinzip* läuft es nicht schlecht. b) *Im Prinzip* bin ich da bei dir.	a) Eigentlich klappt gar nix. b) Das sehe ich anders.
2	Ich setze das mal auf meine *To-do-Liste*.	Vielleicht kümmere ich mich darum, vielleicht auch nicht.
3	Das hört sich nach einer *interessanten* Idee an.	Vergessen Sie's!
4	Das ist ein wenig *sub-optimal* gelaufen.	Das war Mist.
5	Da hab ich keine *Aktien* drin.	Das ist mir sowas von piepegal.
6	*Besten/Nachhaltigen Dank* an das gesamte Team!	Heute muss ich mich mal bedanken, dass Sie mir den Kopf gerettet haben. (Und demnächst noch ein bisschen mehr Einsatz, bitteschön!)
7	Wir müssen *reden*.	Mach dich auf ein Riesendonnerwetter gefasst ... und komm bloß nicht auf den Gedanken, dich zu verteidigen.

8	Betrachten wir das mal *in aller Ruhe.*	Im Grunde ist hier ziemlich die Sch… am Dampfen.
9	Kuba ist auf jeden Fall auch eine *Option.*	Ich will das jetzt nicht ausdiskutieren, aber nächste Woche suche ich so viele Ferienwohnungen in der Bretagne raus, bis du Ja sagst.
10	Wir müssen mehr *Dynamik generieren.*	Lasst euch gefälligst was einfallen, wie ihr mehr Schwung in die Sache bringen könnt.
11	Ich kann das durchaus *händeln.*	Ich hab Mist gebaut, ich weiß nicht, was ich tun soll, aber ich werde alles in meiner Macht Stehende tun, um die Sache wieder gradezubiegen.
12	Lass uns das völlig *ergebnisoffen* diskutieren.	Meine Meinung dazu steht längst fest – aber wenn du unbedingt reden willst, meinetwegen.
13	Wir sollten mit der Situation jetzt *lösungsaffin* umgehen.	Gerade fliegt uns all der Mist um die Ohren, den wir die letzten Jahre verzapft haben, aber davon müssen wir unbedingt ablenken.
14	Darüber sollten wir uns beizeiten mal ausführlicher *austauschen.*	Es hat mich gefreut, Sie kennenzulernen.
15	Ich rufe Sie auf jeden Fall *zeitnah* zurück.	Ich melde mich, wenn's bei mir gerade reinpasst.

III. «Ich bin kein Freund großer Worte ...»
Unverzichtbare Keynote-Phrasen

> *«Tritt fest auf,*
> *mach's Maul auf,*
> *hör bald wieder auf!»*
>
> *Martin Luther*

«Es ist mir eine angenehme Pflicht ... Wie sagte einst Platon ... Noch ganz kurz in eigener Sache ... Ich will Sie nicht mit Zahlen langweilen ... Ich möchte Sie kurz auf eine kleine Reise mitnehmen ...»

Plenarvorträge stellen Redner wie Zuhörer mitunter vor beachtliche Herausforderungen. Nicht jeder Vortragende ist, wie einst der römische Staatsmann Cicero, ein begnadeter Rhetoriker oder hat sich darum gerissen, coram publico aufzutreten.

Seit Jahrzehnten versuchen sich wissenschaftliche Studien – linguistische wie psychologische – an der Frage, was wichtiger sei: das *Was* oder das *Wie* eines Vortrags? Die Ergebnisse sind nicht eindeutig, jedoch halten die meisten Untersuchungen den *Redetext* als solchen für entscheidend. Die anderen Elemente – Körpersprache, Mimik, Stimmvielfalt – sind für die mehr oder weniger zusätzliche Wirkung verantwortlich. Auch spielt der Sympathiewert des Redners, also die «Chemie», die er zum Publikum aufzubauen imstande ist, eine enorme Rolle. Erheblich ist insbesondere, dass Begeisterung von Seiten des Redners spürbar wird und der Funke überspringt.

Dafür braucht es keine Kommunikationsausbildung in sündteuren Rhetorikkursen – im Gegenteil, diese können sogar oftmals schaden. Häufig laufen Profi-Speaker krachend auf, wenn sie nicht authentisch oder gelöst wirken, sondern (vermeintlich) große Redekünstler zu imitieren suchen oder allzu schmerzhaft ins Phrasenhafte abgleiten. Gerade durch vordergründig geschliffene, fein ziselierte «Wortkunst» langweilen sie nicht nur, schlimmer: Sie bringen die Zuhörerschaft unterschwellig gegen sich auf – insbesondere wenn diese sich manipuliert fühlt. Allgemeinplätze wie *«Lassen Sie es mich in einem griffigen Bild sagen»* oder *«Ich möchte Sie auf eine Reise mitnehmen»* sollten das Salz in der Suppe sein, die jedoch oft grausam versalzen wird. Manche Speaker haben sich weit von Aristoteles' Empfehlung entfernt, der schon im 4. Jahrhundert v. Chr. in seinem Werk «Technik der Rhetorik» schrieb: «Rhetorik ist die Kunst der Überzeugung, nicht der blumigen Überredung.»

Das kennt jeder: Kaum glaubt man als Zuhörer, das unvermeidliche Begrüßungsgeklingel überstanden zu haben (*«Besonders freue ich mich, dass sich heute xy die Ehre gegeben hat»*, *«Es ist mir eine ganz besondere Freude, xy unter unsere Gäste zählen zu dürfen»* oder *«Ich halte heute keine Rede. Aber wenn ich eine Rede halten müsste, dann würde ich …»*), wird unweigerlich die nächste Stufe gezündet: die Strukturplattitüden-Orgie im Hauptteil (*«Lassen Sie mich als Erstes ganz kurz auf … eingehen»*, *«Zunächst ist es mir ein wichtiges Anliegen, …»*, *«Weiters komme ich nicht umhin festzustellen, dass …»*), was nicht selten dramaturgisch noch gesteigert wird (*«Ich will Sie gewiss nicht mit Zahlen langweilen, jedoch ...»*). So geht es dann weiter bis zum bitteren Ende («*Lassen Sie mich nun zum Ende kommen ...»*). Das Publikum durchschaut den lauen Hokuspokus, reagiert mit Ablehnung oder Langeweile – die Kluft zwischen Anspruch und Wirklichkeit, zwischen Redner und Zuhörern ist dann mit Händen greifbar.

Wer seinem Publikum so etwas ersparen will, dem mag die folgende Liste nutzen.

«Best of» der (un)verzichtbaren Keynote-Phrasen

Phrasen-Sprech	... was es wirklich heißt
Gern gewählte Eingangsfloskeln	
Ich will heute keine Rede halten. Aber wenn ich eine halten müsste, dann würde ich Folgendes sagen ...	Eigentlich bin ich ja sprachlos. Oder: Natürlich will ich jetzt zwei Stunden reden, aber wenn ich das gleich am Anfang ankündige, schalten alle sofort ab.
Als mir zugetragen wurde, dass ich hier und heute zu Ihnen sprechen soll, habe ich zunächst ...	Daran könnt Ihr mal sehen, wie wichtig ich bin ...
Ich bin (weiß Gott) kein Freund großer Worte.	Ich warne euch schon mal vor, jetzt braucht ihr gutes Sitzfleisch! Macht euch auf einen langen Monolog gefasst!
Es ist mir eine angenehme Pflicht, Herrn xy ausdrücklich Danke zu sagen für ...	Jetzt schleime ich mich erstmal bei ein paar wichtigen Leuten kräftig ein.
Eingangs möchte ich feststellen ...	Ich weiß gar nicht so recht, wo ich anfangen soll ...
Lassen Sie mich zunächst kurz mit einfachen Worten klarstellen .../Ich will zunächst kurz skizzieren ...	Das dauert jetzt ... aber lassen Sie sich nicht erwischen, wenn Sie während meines Vortrags mit Ihrem Handy spielen!
Zuallererst ist es mir ein wichtiges Anliegen ...	Was ich schon immer mal loswerden wollte ...

Zu Beginn möchte ich Ihnen eine kleine Geschichte erzählen.	Der Märchenonkel ist mal wieder in Bestform.
Ich versuche, Ihnen das Ganze mal etwas aufzuschlüsseln.	Erstmal muss ich etwas Struktur in mein Gedankenchaos bringen, damit Sie nicht sofort aussteigen.
Bevor ich zum eigentlichen Thema komme, muss ich etwas weiter ausholen.	Ich erzähle Ihnen jetzt erstmal ein paar stinklangweilige Storys aus meinem Leben, irgendwie muss ich die Zeit ja füllen.
Ich komme nicht umhin ...	Ich höre mich selbst gern labern.
Auf einer meiner Reisen nach Asien traf ich mal einen alten Mann ...	Ein indischer Guru hat mir diesen Floh ins Ohr gesetzt.
Neulich sprach mich jemand an und ...	Ich komme unheimlich viel rum und bin so charismatisch, dass mich alle um Rat fragen.
Noch ganz kurz in eigener Sache ...	Erwarten Sie bloß nicht, dass ich jetzt schon zum Thema komme!
Ich will mich heute ganz kurz fassen ...	Das dauert!!!
Phrasen fürs Mittelfeldgeplänkel	
Ich will Sie nicht mit Zahlen langweilen ...	... die sind eh falsch. (Aber ein Vortrag ganz ohne geht halt auch nicht.)
Lassen Sie mich das etwas genauer ausführen ...	Jetzt dauert's echt lange, Leute!
Sicherlich sind Sie auch der Ansicht, dass .../Sind Sie nicht auch der Ansicht, dass ...?	Stimmen Sie mir gefälligst zu!

Wie Sie sicherlich wissen ...	Wenn nicht, kläre ich Sie mal auf ...
Wie sagte einst der weise Platon: ...	Tja, Bildung ist alles.
Schon der große Aristoteles stellte fest: ...	Ich versteck mich jetzt einfach mal hinter dem alten Griechen, den wagt sowieso keiner zu kritisieren.
Hier halte ich es mit Konfuzius: .../ Laotse würde hier sagen: .../ Hierzu möchte ich kurz Descartes bemühen: ...	Das hab ich mir aus dem Internet gegoogelt. Diese Aussagen sind sowieso immer zeitgeist-like.
Wie sagt man so schön .../Wie es auf gut Neudeutsch heißt ...	Laberrababer!
Wenn Sie jetzt denken .../Vielleicht denken Sie jetzt ...	Achtung, Manipulation!
Ich möchte Sie dezidiert darauf aufmerksam machen, dass ...	Weil Sie ja derart begriffsstutzig sind, dass alles an Ihnen vorbei- geht, sage ich Ihnen hier und jetzt klar und deutlich ...
Darf ich Ihnen einen möglichen Weg aufzeigen?	Fragen kostet ja nichts. Die Zuhörer können sich sowieso nicht wehren.
Lassen Sie uns zusammen diesen Weg beschreiten!	Aha, die Weg-Metapher ...
Ich möchte Sie kurz auf eine kleine Reise mitnehmen ...	Alle anschnallen und festhalten! Los geht's durch meine tolle Gedankenwelt – dagegen waren Gullivers Reisen ein Fliegenschiss!
Sicher können Sie mir in dem Punkt folgen ...	... falls nicht, würde mich das auch nicht wundern.

Werfen wir kurz einen Blick außerhalb unserer Grenzen ...	Ich habe schon einige Pauschalreisen unternommen, über die ich berichten will, da müssen Sie jetzt durch.
Im Übrigen bin ich der Meinung ...	Jetzt muss noch Catos berühmter Gassenhauer («*Ceterum censeo Carthaginem esse delendam ...*») herhalten.
Lassen Sie mich nun über mögliche Schritte reden – diese werden für uns alle nicht erfreulich sein.	Jetzt geht's ans Eingemachte, genauer gesagt: an Ihr Portemonnaie.
Darüber hinaus möchte ich Sie noch über mögliche (flankierende) Maßnahmen in Kenntnis setzen.	Ätsch, noch lange nicht fertig ... wird noch heftiger ... und unangenehmer für Sie!
Lassen Sie mich schnell und nachhaltig auf den Punkt kommen!	(Muss man nicht übersetzen, oder?)
Würden Sie mir an dieser Stelle zustimmen?	Achtung, kleine Manipulation mit rhetorischer Frage!
Bestimmt kennen Sie das auch ...	Hier startet die große Finte!
Am Ende des Tages ...	Tja, was ...?
Mutatis mutandis ... versus ... vice versa ...	Ich wollte nur mal ein bisschen brillieren!
Gern gewählte Schlussphrasen	
Abschließend wünschte ich mir, Sie würden das eine oder andere von dem teilen, was ich Ihnen ...	Wenn nicht, würde mich das bei Ihnen auch nicht weiter wundern ...
Ich hoffe sehr, ich konnte Ihnen ein paar fruchtbare Gedanken/Anstöße mitgeben ...	Vielleicht sind Sie doch nicht so begriffsstutzig, wie ich dachte.

Mir war es ein großes Anliegen ...	Das alles musste ich einfach mal loswerden. (Sind Sie noch wach?)
Bevor ich (nun gleich) zum Ende komme ...	Hihi, kleiner Joke!
Schlussendlich ...	... endlich!?
Ich komme jetzt zum Schluss.	Glaubt das irgendjemand hier?
Last but not least ...	Haha ... immer langsam mit den jungen Pferden!
Alles in allem ...	(Nicht ganz gelungene) Alliteration zur Aufmerksamkeitssteigerung
Ganz kurz muss ich nun doch noch ...	Ätsch, zu früh gefreut! Das dauert noch ...
Lassen Sie mich mit einer kurzen Geschichte schließen ...	Nochmals große Märchenstunde! Noch wach bleiben ...
Ich danke Ihnen sehr für Ihre geschätzte Geduld und Ihr Verständnis!	Was denn sonst?

Wie besser machen?

Hier und da eine passende Metapher, eine flott eingestreute Alliteration, eine eingängige Anapher – dagegen ist nichts einzuwenden. Doch als peinlich wird empfunden, wer allzu bemüht ist, mit massenhaft Stil- bzw. Spielmitteln zu punkten, oder ohne Punkt und Komma palavert. Und wer allzu viel mit vermeintlich klugen Begriffen oder Profilierungszitaten anerkannter Autoritäten um sich wirft, markiert häufig nur den eigenen (pseudo)intellektuellen Standpunkt, schafft gleichzeitig aber Distanz – insbesondere dann, wenn das Thema trocken bzw. der Inhalt mau ist oder aber unangenehme Sachverhalte transportiert werden müssen.

Sehen wir uns kurz den Begriff *Keynote* an: Dieser leitet sich vom Einstimmton bei A-capella-Chören ab – die Sängerinnen und Sänger stimmen locker einen Ton an, jeder soll dabei auf die anderen hören, und alle schauen sich an. Bezogen auf den Speaker heißt das:

- Stelle dich auf die Stimmungslage deines Publikums ein, versuche, mögliche Zwischenfragen zu antizipieren.
- Nimm das Publikum gedanklich mit – aber weniger mit Worthülsen als mit Begeisterung. «Empathie statt Arroganz, Kongruenz statt Konkurrenz» lautet die Devise.
- Sprich gelöst und lasse Spaß (zumindest: innere Anteilnahme am Inhalt) erkennen. Vor allem: Strebe nicht nach Perfektion.
- Fange gerne mit einem unverfänglichen Scherz an (nicht platt oder gekünstelt!), blicke mehreren Zuhörern abwechselnd in die Augen und teste die Reaktionen.

- Je klarer die Botschaft, umso besser. Komme schnellstmöglich auf den Punkt.
- Gönne dem Publikum zwischendurch kurze gedankliche Verschnaufpausen.
- Achte auf einen lebendigen Fluss und passe dich sprachlich spontan dem Publikum an.
- Und keine Angst vor Versprechern oder Fehlern! Werden diese von dir selbst schlagfertig kommentiert, wirken sie sympathisch und können super «door opener» sein.

Ein Letztes: Keine falschen Eitelkeiten! Gerade dann nicht, wenn sie in auffälliges Understatement gekleidet sind (*«Lassen Sie mich zunächst kurz mit einfachen Worten klarstellen ...»*). Dagegen hilft ein einfaches Rezept: Authentizität, gepaart mit inspirierender Spontaneität. Vor allem aber: die Zuhörer schätzen, sich in sie hineinversetzen!

Kritisches Nachwort

Wie erwähnt und an einigen Bespielen gezeigt, haben es zahlreiche bürosprachliche Begriffe in die Allgemein- oder Umgangssprache geschafft – was manchen Sprachpuristen missfällt. Doch ist das, was diese als Verfallserscheinungen oder Sprachverpanschung ablehnen, wirklich nur negativ? Überwiegen nicht eher die positiven Aspekte des Sprachwandels?

Grundsätzlich möchte ich das bejahen. Ohne seine zahlreichen spannenden Sondersprachen, Fachjargons und Dialekte wäre das Deutsche um einiges ärmer. Und doch hat die Medaille mit den Businessfloskeln ihre zwei Seiten. Seit etwa zwei Jahrzehnten sind wir Zeugen eines völlig neuartigen Phänomens: Global Player, ausgehend von US-Konzernsekten wie Google, Microsoft, Apple, Amazon, McKinsey und Co., erobern mit *Kommunikationsoptimierungsprogrammen* strategisch höchst bedeutsame Sprachpositionen, die im Wettlauf um Marktanteile als *kriegsentscheidend* gelten. Zum einen gelangen so originelle Neologismen in unseren Sprachschatz, die nicht selten für Heiterkeit sorgen. Doch das entspannte Lachen kann auf der anderen Seite auch leicht im Halse stecken bleiben – dann nämlich, wenn Sachverhalte gezielt verschleiert, Tatsachen verschlüsselt bzw. schöngeredet oder Menschen manipuliert werden. Unternehmen investieren wohlkalkuliert Zigmilliarden in *Wording*-Workshops und *Sprachtuning*-Seminare – der Griff nach «unserer» Sprache findet gezielt und gleichzeitig sehr subtil statt. Aus Company-Sicht trefflich angelegtes Kapital …

In seinem Bestseller «Die granulare Gesellschaft – wie das Digitale unsere Wirklichkeit auflöst» (Berlin 2016) stellt der Soziologe und Sachbuchautor Christoph Kucklick die These auf, dass im Zuge der Digitalisierung alles komplett neu vermessen werde, auch unser Ausdruck. «Digitalisierung bedeutet vor allem eines: Wir selbst werden auf neue Weise vermessen ... sogar unsere Sprache: Alles wird feinteiliger, höher auflösend. Wir erleben: eine neue Auflösung. Sprachliche Nachrichten aus sozialen Netzwerken oder Handy-Netzen schenken uns ein hochauflösendes Bild unserer Gesellschaft ... Philologen vermessen dank digitalisierter Bücher den Bestand aller unserer Wörter neu.»

Doch nicht nur die Wörter-Quántität wird neu vermessen, sondern auch – und besonders – deren Qualität. Denn die Old Economy ist tot, das agile Mindset hip. Somit verändern sich auch die dazugehörigen Begrifflichkeiten rasant. Wie schrieb schon Orwell (Achtung: Phrasenalarm!) in seinem dystopischen Roman *1984* (erschienen 1949): «Wenn du die Persönlichkeit eines Menschen beherrschen willst, verändere zuerst seine Sprache.»

Passender kann man es kaum formulieren. Manchen globalen Playern reicht die Arbeitskraft ihrer *Employees* schon lange nicht mehr aus, immer mehr wollen sie auch an deren Persönlichkeiten ran (Stichworte *Personal Transformation, Personal Attitude*). Und wie ginge das besser als mittels zweckorientierter *Sprachoptimierung* bzw. *Terminologie-Managements*? Zwar wurde schon immer mit Sprache manipuliert, jedoch steht der moderne Buzzjargon für eine neue Dimension, speziell, wenn er überwiegend pragmatisch-taktisch eingesetzt wird. Die Fachtermini hierfür lauten NLP (= Neurolinguistisches Programmieren), *Sprachrefreshing, Framing, Wording* usw. – Manipulation bis in die innersten Winkel, nicht selten bis zur Realitätsverweigerung. Willkommen in der granularen Gesellschaft!

Also: Sehen wir das – zweifellos vorhandene – Positive und freuen wir uns an der aktuellen Sprachvielfalt und den dynamischen Einflüssen auf unsere Wörterwelt! Machen wir uns einen Kreativspaß daraus, entspannt mitzufloskeln, Begriffe umzudeuten und neue zu erzeugen! Machen wir uns lustig, werden wir selbst Teil des phänomenalen Sprachwandels. Doch bleiben wir stets sprachkritisch, heißt: Lassen wir uns nicht vor Konzernkarren spannen oder von Firmenformeln einlullen! Der Philosoph Arthur Schopenhauer hat es schon 1850 auf den Punkt gebracht: «Gebrauche gewöhnliche Worte für außergewöhnliche Dinge!» Haken dran.

Literaturverzeichnis und Web-Empfehlungen

Bücher

Doppler, Klaus/Lauterburg, Christoph, Change Management. Den Unternehmenswandel gestalten, Frankfurt/New York 2016 *(unbeabsichtigte Ansammlung von Businessfloskeln, gerade deswegen besonders wertvoll)*

Ehmann, Hermann, Ich bin da ganz bei Ihnen! Das Wörterbuch der unverzichtbaren Bürofloskeln, München 2014 (3. Auflage 2017) *(kein Kommentar)*

Fletcher, Adam/Hawkins, Paul, Denglisch for Better Knowers. Funbird, Smartshitter, Hand Shoes und der ganze deutsch-englische Wahnsinn, Berlin 2014 *(Übersetzungsversuche von deutschen Begriffen, die bis jetzt als nicht übersetzbar galten – Motto: «Mit den Deutschen lässt sich gut cherries eating, nothing for ungood». Ein Blick lohnt sich …)*

Grabowski, Gunther, Ach, du liebes Deutsch! Paderborn 2013 *(kleines Kaleidoskop, das mit satirischem Anspruch unserer mit englischen Ersatzwörtern verklebten Umgangssprache nachspürt, aber teilweise auf der Strecke bleibt)*

Grimm, Jacob und Wilhelm, Deutsches Wörterbuch (33 Bände), München 1999 *(der Klassiker schlechthin, seit 2008 auch online verfügbar unter www.woerterbuchnetz.de)*

Habscheid, Stephan, Sprache in der Organisation. Sprachreflexive Verfahren im systemischen Beratungsgespräch, Berlin 2018 *(nimmt aus betriebswirtschaftlicher Sicht Businesskommunikation systematisch in den Blick und aufs Korn)*

Helfrich, Oliver-D., 99 Floskeln für Immobilienmakler. Handbuch für rhetorische Unterstützung, 2018 *(brauchbare Sammlung von «Formulierungshilfen» für Immobilienmakler, von der Objektakquise über Besichtigungen bis hin zu Vertragsverhandlungen)*

Hürter, Tobias/Rauner, Max, Schluss mit dem Bullshit! Auf der

Suche nach dem verlorenen Verstand, München 2014 *(Rauner gewann 2014 den Bullshit-Slam – hoher Funfaktor!)*

Ikonomidis, Ageliki, Anglizismen auf gut Deutsch. Ein Leitfaden zur Verwendung von Anglizismen in deutschen Texten, Hamburg 2009 *(Wörterbuch auf rund 100 Seiten)*

Jost, Hans-Rudolf, Best of Bullshit. Worthülsen aus der Teppichetage, Berlin 2012 *(halbwegs amüsante Berater-Singsang-Sammlung, jedoch ohne sprachliche Erklärungen – der Autor ist Change-Management-Consultant, coacht Top-Führungskräfte und tritt als Referent auf internationalen Kongressen auf)*

Jost, Hans-Rudolf, Leadershit. Warum es Arschlöcher in Wirtschaft und Politik am weitesten bringen. Mit großem Bestimmungsteil: Wie erkennt man ein Arschloch?, Berlin 2012 *(emotionale Abrechnung nicht nur mit der Beraterzunft)*

Junker, Gerhard H. u. a., Der Anglizismen-Index 2013. Anglizismen – Gewinn oder Zumutung?, Berlin 2013 *(Verzeichnis von rund 7300 englischen Wörtern und Wendungen, die in die deutsche Sprache eingedrungen sind)*

Kortmann, Olaf, Transformationales Führen (= Reihe «30 Minuten»), Offenbach 2016 *(unbeabsichtigt viele Businessfloskeln am Stück, von daher amüsant)*

Krämer, Walter, Modern Talking auf Deutsch. Ein populäres Lexikon, München/Zürich 2000 *(Grundthese: «Wenn wir nicht aufpassen, verkommt die deutsche Sprache zu einer Pidgin-Sprache, in der nur noch Bananenhändler kommunizieren können!» Naja …)*

Kucklick, Christoph, Die granulare Gesellschaft – wie das Digitale unsere Wirklichkeit auflöst, Berlin 2016 *(Grundthese: Durch die Kontroll-Revolution werden wir ausgedeutet und gefährden damit unsere Ideale. In der granularen Gesellschaft versagen unsere Institutionen, wir werden unsere Welt – und vor allem auch die Sprache – neu erfinden müssen. Lesenswert!)*

Leif, Thomas, Beraten und verkauft. McKinsey & Co. Der große Bluff der Unternehmensberater, Berlin 2008 *(ein Schwarzbuch, das den Schleier über einer viel zu teuren, fachlich überschätzten, aber so einflussreichen wie beunruhigenden Branche lüftet und das «Wording» vieler Consultants kritisch untersucht – mehr aber auch nicht)*

Menz, Florian/Stahl, K., Handbuch Stakeholderkommunikation. Grundlagen, Sprache, Praxisbeispiele, Wien 2016 *(Wer eine Firma gründen will und noch ein paar Phrasen zum Beeindrucken möglicher Geldgeber braucht, kann hier durchaus fündig werden ...)*

Nölke, Matthias, Vielen Dank an das gesamte Team, Freiburg 2012 *(Taschen-Guide mit manchem hübsch-hässlichen Textbaustein)*

Pink, Daniel H., Drive. Was Sie wirklich motiviert, Salzburg 2019 *(Hier dreht sich alles um Selbstmotivation fürs tagtägliche Business mit zahlreichen Plattitüden ... wer's braucht!)*

Pyczak, Thomas, Tell me! Wie Sie mit Storytelling überzeugen. Inklusive Praxisbeispiele. Für alle, die erfolgreich sein wollen in Beruf, PR und Online-Marketing, Bonn 2018 *(Change-Prozesse in Storys einbinden, mit der eigenen Geschichte begeistern oder Daten mit Geschichten greifbar machen – so lässt sich Storytelling ganz konkret nutzen. Und manche Beispiele sind ganz flott.)*

Ramge, Thomas, Montags könnt ich kotzen. Vom ganz normalen Bullshit, Hamburg 2011 *(Der Unternehmensberater hat viel Bullshit erlebt und produziert. Unterhaltsam zeigt er, welche absurden sprachlichen Blüten die modernen Managementmethoden treiben.)*

Schiller, Robert, Heute Chef – morgen agil. Gemeinsam umdenken, arbeiten, erfolgreich sein, München 2017 *(Es geht um Digital-Leadership ... und auch darum, wie in agilen Unternehmenskontexten kommuniziert wird.)*

Schneider, Wolf, Speak German! Warum Deutsch manchmal besser ist, Reinbek 2009 *(entschiedene Liebeserklärung an die deutsche Sprache, gegen die allgegenwärtige Anglomanie)*

Schneider, Wolf, Wörter machen Leute. Magie und Macht der Sprache, Reinbek 2011 *(ein Buch über das traurige Spiel, das viele Zeitungen und Fernsehsendungen, amtliche Bekanntmachungen und Lexika mit der Verständlichkeit von Texten treiben)*

Slogar, Andreas, Die agile Organisation. Wo anfangen? Wie Mitarbeiter und Führungskräfte begeistern? Wie Struktur und Strategie anpassen?, München 2017 *(eine Art «Bibel» rund ums agile Mindset)*

Smith, Jenny, Business-Englisch beherrschen. 86 Wörter und Phrasen, die auf die nächste Stufe verhelfen, München 2018

Stromberg, Bernd, Langenscheidt Chef – Deutsch/Deutsch – Chef, Stuttgart 2017 *(Leserwarnung: flach, flacher, äußerst flach! Wenn Sie es nicht lassen können, werfen Sie mal einen Blick rein, aber sagen Sie hinterher nicht, Sie wären nicht gewarnt worden – man blättert sich so durch und kann kaum lachen. Reichlich konstruiert.)*

Sutton, Robert I., Der Arschloch-Faktor. Vom geschickten Umgang mit Aufschneidern, Intriganten und Despoten in Unternehmen, Berlin 2008 *(wohl nicht ganz ernst gemeinter, aber amüsanter Leitfaden mit Ideen und Überlebensstrategien für den Umgang mit floskel-infizierten Zeitgenossen)*

Weber, Karl-Wilhelm, Latin Reloaded. Von wegen Denglisch – alles nur Latein!, Frankfurt 2011 *(stellt anhand zahlreicher Beispiele klar, dass viele Anglizismen ursprünglich aus dem Lateinischen stammen, was eigentlich nichts Neues ist)*

Weiden, Ewald F., Folienkrieg und Bullshitbingo. Ein Handbuch für Unternehmensberater, Opfer und Angehörige, München 2011 *(für alle, die mit Unternehmensberatern leben, unter ihnen leiden ... oder einfach über sich selbst lachen wollen)*

Youtube-Videos

Bullshit Slam *(witzig, aber auch nicht mehr)*

Gerstbach, Ingrid, Design Thinking Podcast: Bullshit-Aussagen *(mittelmäßig originell)*

Radio PSR Sinnlos-Telefon: Junk and Trash Cutter *(hoher Spaßfaktor – dringend reinhören!)*

Interessante Webseiten

www.blablameter.de *(nicht ganz ernst zu nehmendes Tool – hier können Sie Ihren Bullshit-Faktor testen!)*

www.cio.de/a/die-20-schlimmsten-berater-phrasen,2232690

https://www.ilovedesignthinking.com/tag/euphemismen

https://news.kununu.com/die-nervigsten-buerofloskeln

www.phrasen.com *(Wörterbuch für allerlei Redewendungen)*

www.wirtschaftsforum.de/listicles/13-buerofloskeln-und-wassie-wirklich-bedeuten

Artikel in Zeitschriften und Zeitungen
(die meisten auch online abrufbar)

«Adminkram erledigen», in: ZEIT-Magazin, 1.10.2014

Demlin, Alexander, In Bullshit-Gewittern!, in: Der Spiegel, 20.11.2014

Fallenbeck, Nicole, Sorry, ich bin gerade busy. Das sind die nervigsten Floskeln im Büro, in: Focus Money Online, 4.9.2014

Floskeln, wohin man liest, in: Fränkischer Tag, 3.10.2014

Heine, Matthias, Wenn Ihr Chef so redet, drohen Stress und Kündigung, in: Die Welt, 11.6.2015

Hillenbrand, Tom, Verstehen Sie Beratersprech? Ein Kauderwelsch-Quiz, in: Spiegel Online, 20.7.2011

Hülder, Janis, «Feel-good-Manager sind mehr als schlichte Bespaßer», in: Wirtschaftswoche, 16.8.2013

Hüttenberger, Jens, «Reden Sie kein Bullshit!», in: www-immobilienmarketing-blog.de, 19.11.2012

«Kommt Leute, das ist jetzt wirklich keine rocket science», in: Financial Times Deutschland, 24.10.2012

Kampf den Phrasen!, in: Berliner Morgenpost, 12.10.2014

Marx, Kathrin, Ich bin da wirklich ganz bei Ihnen!, in: Brandenburgische Landeszentrale für politische Bildung, 16.2.2017

Matz, Andreas, Schluss mit den Phrasen!, in: Hamburger Abendblatt, 25.9.2014

Metzger, Oskar H., So durchschaut man den Chef!, in: Finanz-Pressedienst, 12/2014

Michel, Alexander, Heiße Luft im Büro, in: Südkurier, 14.10.2014

Murtaza, Akbar, Da bin ich ganz bei Ihnen!, in: PR-Journal, 31.10.2019

Pin! Mich! An! Die schlimmsten Buzzwords aus dem Büro, in: digital pioneers, 2.4.2019

Plöger, Birte, Laber nicht!, in: Jolie, 7/2015

Prechtel, Adrian, Ich bin da ganz bei Ihnen …, in: Abendzeitung München, 11.9.2014

Schenk, Hans-Otto, Deutsch als Papageiensprache. Floskel-Deutsch – und wie man ihm empirisch auf die Schliche kommt, in: Wortschau, 10/2010

Schölgens, Gesa, Die Human-Kapital-Ressources optimieren wir!, in: Frankfurter Rundschau, 24.5.2016

Stäubli-Roduner, Madeleine, Business-Floskeln: Von Worten und Wolken, in: Handelszeitung, 14.9.2011

Wensing, Wenke, Floskeln sind ein Karriere-Pusher! Wenn Floskeln Sie voranbringen, in: Die Wirtschaftswoche, 14.8.2018

Werner, Hendrik, Papierstaubüro-Jargon, in: Bremer Nachrichten, 8.9.2014

Worthülsen, in: Frankfurter Allgemeine Sonntagszeitung, 24.8.2014

Sprache bei C.H.Beck

Wilfried Ahrens

Der Angeklagte erschien in Bekleidung seiner Frau

Die neuesten juristischen Stilblüten

3. Auflage. 2020. 159 Seiten. Broschiert

Beck Paperback Band 1640

Hermann Ehmann

Ich bin da ganz bei Ihnen!

Das Wörterbuch der unverzichtbaren Bürofloskeln

3. Auflage. 2017. 143 Seiten mit 10 Illustrationen. Broschiert

Beck Paperback Band 6169

Eike Christian Hirsch

Ist das Deutsch oder kann das weg?

Schlimme Einfälle und schöne Reinfälle

4. Auflage. 2019. 156 Seiten. Broschiert

Beck Paperback Band 6352

Heike Wiese

Kiezdeutsch

Ein neuer Dialekt entsteht

2., durchgesehene Auflage. 2012.

280 Seiten mit 18 Abbildungen. Broschiert

Beck'sche Reihe Band 6034

Humor in C.H.Beck Paperback

Adam Fletcher
So sorry
Ein Brite erklärt sein komisches Land
Mit Illustrationen von Robert M. Schöne.
Aus dem Englischen von Ingo Herzke
2. Auflage. 2018. 208 Seiten mit 39 Abbildungen. Broschiert
Beck Paperback Band 6298

Julia Jorch
Schlaflos im Shitstorm
Der etwas andere Insiderbericht aus der Welt der Politik
Mit Illustrationen von Carolina Búzio.
2019. 187 Seiten mit 38 Abbildungen. Broschiert
Beck Paperback Band 6337

Rory Scarfe
Royally Incorrect
Die besten Sprüche von Philip, Prinz Fettnapf
Mit einem Vorwort von Peter Littger.
Aus dem Englischen von Christoph Bausum
2. Auflage. 2018. 127 Seiten mit 26 Abbildungen. Broschiert
Beck Paperback Band 6314

Nicolas Tenaillon
Die Kunst, immer Recht zu behalten
Die besten Tricks der Philosophen
Mit Zeichnungen von Nicolas Mahler.
Aus dem Französischen von Grit Fröhlich und Marianna Lieder
3. Auflage. 2018. 159 Seiten mit 20 Illustrationen. Broschiert
Beck Paperback Band 6214